恐竜たちが見ていた世界

悠久なる時をかけてよみがえる18の物語

Paleontological Animals We Have Known

技術評論社

はじめに

古生物たちは、どのように生きていたのだろう？

太古の昔に生きていて、化石を残した生き物のことを「古生物」と呼びます。有名な古生物といえば、「恐竜類」。ティラノサウルスもトリケラトプスも「古生物」の一員です。もちろん、古生物は恐竜だけではなく、三葉虫類やアノマロカリスの仲間、なかには、クラゲの仲間にも、化石で見つかる古生物はいます。

古生物は、化石となって、その姿を現在に伝えています。

そう、「化石」です。つまり、動物であっても、動きません。

動かないので、古生物がどのように生きていたのかを、私たちは「観察する」ことができません。

例えば、我が家には、2匹の犬がいます。食事時や散歩時になると眼を輝かせ、部屋の中を走り回ってはしゃぎます。見慣れないお客が来たときには、まずは、ワンワンと吠えたのち、クンクンとお客の匂いを嗅ぎます。一転、私がベッドで眠るときには、寄り添うように隣で丸くなります。そして、暑くなると、私から離れ、自分の寝床へと移動します。

こうした行動は、ともに生きているからこそ、わかるものです。

古生物の行動を推測する手がかりは、大きく分けるとふたつあります。ひとつは、足跡や巣穴などの化石を分析すること。もうひとつは、その〝能力〟を調べることです。例えば、暗闇でもよく見える眼をもっていたことがわかれば、夜行性だった可能性が高くなります。低い音を出すことができるのであれば、その音を使ったコミュニケーションをしていた可能性が高くなります。

この本ではそうした古生物たちの〝能力〟に注目し、推測し、古生物たちの物語を綴ってみました。**もしも、古生物たちと同じ時代の同じ地域に生きていて、その古生物たちの行動を観察することができたとしたら……**という物語です。

もちろん、この本であつかう古生物たちの物語の背景には、研究者のみなさんの研究成果である「論文」があります。それぞれの物語とともに、その物語の根拠となっている論文についても解説のページを用意しました。

あなたを古生物たちの生きていた世界に案内しましょう。本書を読んで、眼を閉じて、太古の昔に思いを馳せてみてください。

2023年8月　サイエンスライター　土屋　健

目次

第2幕

古脊椎動物が見ていた世界

おわりに

地質時代年表

代	紀	世	始まり
			現在
新生代	第四紀	完新世	約1万年前
新生代	第四紀	更新世	約258万年前
新生代	新第三紀	鮮新世	約533万年前
新生代	新第三紀	中新世	約2300万年前
新生代	古第三紀	漸新世	約3390万年前
新生代	古第三紀	始新世	約5600万年前
新生代	古第三紀	暁新世	約6600万年前
中生代	白亜紀		約1億4500万年前
中生代	ジュラ紀		約2億100万年前
中生代	三畳紀		約2億5200万年前

代	紀	始まり
		約2億5200万年前
古生代	ペルム紀	約2億9900万年前
古生代	石炭紀	約3億5900万年前
古生代	デボン紀	約4億1900万年前
古生代	シルル紀	約4億4400万年前
古生代	オルドビス紀	約4億8500万年前
古生代	カンブリア紀	約5億3900万年前
	エディアカラ紀	約6億3500万年前
先カンブリア時代		約46億年前

第1幕
古無脊椎動物が見ていた世界

Story

楽園の海底

世界は、海だけだった。

いや、この世界のどこかには、「陸」なる場所があるらしい。でも、その場所には、ひたすら不毛の世界が広がるだけで、うっかりその場所に行ってしまうと、干からびていくだけの運命が待っているらしい。恐ろしい話だ。

世界は、海だけである。

この海は、暮らしやすい。

なにしろ、〝怖いやつ〟がいない。

そして、〝急ぐやつ〟もいない。

これを平和というのかもしれない。

はるか未来にナミビアと呼ばれるらしい場所には、今、浅い海が広がっている。この海では、切れ込みのある筒状の動物が、その半身を水底に埋めている。緩やかな水の流れに身を任せ、前後左右に揺れるその動物は、ひとつだけじゃない。同じ形の動物が、群れとなって、その半身を水底に埋めている。

この海にいるのは、その筒状動物だけだ。名前は、「エルニエッタ」。

エルニエッタを食べるものも、エルニエッタの筒を隠れ家にするものも、いない。

ただただ、エルニエッタが、水流にその身を任せている。

ところ変わって、未来に白海（はっかい）と呼ばれる場所では、今、いくつかの動物が水底をゆっくりと

動いていた。

目立つのは、薄くて平たい、楕円形のからだをもつ「ディッキンソニア」。滑るように、水底を動いている。動いたあとには、粘液がべっとりと残されていた。ゆっくりと動きながら、ときには、隣りを動く動物にぶつかり、そして、しばらくすると、別の方向へ這っていく。

あまりにもゆっくりなその世界は、一見しただけでは、絵画のようである。水流の流れ以外に動いているように見えるものがない。

しかし、よく見ると、動いている。そんな静かな世界だ。

そんな世界に、「すー」と優しく引っ掻く音が響く。

その音の発生もとでは、ひだのついた楕円形のからだをもつ「キンベレラ」が、1本だけの腕を伸ばしている。

優しい引っ掻き音は、この腕の先についた2本の爪が水底を掻く音のようだ。もっとも、まわりの動物には、この音は聞こえていないらしい。音のあるときと、音のないときで、何ら動作は変わらない。

もっとも、キンベレラ自身も、その音を聞いているのか、聞こえているのかわからない。

キンベレラは自分のまわりの水底を引っ掻いている。〝何か〟を自分に掻き寄せているようだ。

しばらくキンベレラを見ていると、その行為に飽きたのか、引っ掻くことをやめ、ゆっくりと別の場所へと移動していく。

よく見ると、そのからだのうしろには、ディッキンソニアのそれとよく似た粘液が残されていた。

ひとつひとつの動作が遅い。

それは、この白海でも同じらしい。

急ぐ必要はなにもないのだ。

開けた場所で、ゆっくりと食事をしていても、寝ていても、襲われる心配はない。競争する相手も……いるのかもしれないが、どこにいるのかわからない。

同種でさえ、となりにいるのかもしれないし、いないのかもしれない。彼らは、景色を「見る」ことができないのだ。

エルニエッタのように、水流が自然と運んでくる餌を食べるだけ。

ディッキンソニアやキンベレラのように、ゆっくりと動いて、海底表面の有機物を食べる。

そんなものたちばかりだ。

のんべんだらりとした平和な時が、ゆっくりとすぎていく。

この世界は、「エディアカラの楽園」と呼ばれている。

Commentary

かつて、世界は平和であふれていた……

現在の地球では、動物たちは自分の周囲を知ることにとても敏感です。眼で見たり、匂いをかいだり、あるいは、音を聴いたりして、餌を探ります。その餌は、美味しい果実かもしれません。あるいは、食べ応えのある動物かもしれません。

身を守るためにも、眼で見ること、匂いを嗅ぐこと、音を聴くことは、とても大切。自分を狙う肉食動物の接近をいち早く探知することは、生きていく上で欠かせません。できるだけ早く捕食者の位置を知り、逃げるなり、隠れるなりする必要があります。

仮に同種であっても、限られた食料を取り合ったり、縄張りを争ったり、あるいは、異性に近づいたり……。いずれの場合でも、視覚や聴覚といった〝感知能力〟を駆使し、あしやひれ、翅（はね）や翼といった〝移動手段〟を使います。

生きていくこと、子孫を残すことは、ある意味で「競争」といえるでしょう。

ただし、その競争が本格的になったのは、それほど昔の話ではありません。

私たちが暮らす地球は、今から約46億年に誕生したとみられています。地球誕生から数億年以内には、海の中に生命が登場していたようです。

しかしその生命は、顕微鏡を使ってようやく見ることができるような、とても小さなものでした。

その後、数十億年にわたって、生命は概して小さなままでした。

約6億3500万年前になると、「エディアカラ紀」という時代がはじまります。この時代、陸地はありましたが、その場所は山から削られた堆積物による不毛の大地でした。生命が繁栄できる世界は海だけです。そんなエディアカラ紀に生命は突如として大型化し、数センチメートル、あるいは、数十センチメートルのからだをもつものが出現しました。

この時代の生物たちは、「エディアカラ生物群」と呼ばれています。なお、すべての生物は、海で暮らしていたとみられています。

エディアカラ生物群の生物たちの多くは、動物だったようです。彼らには、いくつもの共通する特徴がありました。

まず、「ひれ」や「あし」といった移動手段をもっていません。そのため、素早く動くことは、おそらく苦手だったとみられています。

そして、〝攻撃のための武器〟をもたない種がほとんどです。獲物を切り裂くための鋭い爪、噛み砕くための歯といった武装を備えていません。

また、捕食者の攻撃から身を守るための「トゲ」や「硬い甲羅」をもたないものばかりでもありました。そのため、エディアカラ生物群の生物たちの多くは、〝襲う側〟なのか、〝襲われる側〟なのかがわかっていません。いや、そもそも、そうした「喰う・喰われる」の関係があったのかさえ、わかっていません。

それどころか、エディアカラ生物群の生物には「眼」がないのです。「耳」も「鼻」もあるのかないのかわかりません。

獲物も、天敵も、仲間さえも、その位置がはっきりしなくても、十分に生きていくことができる。そんな〝平和な世界〟が、エディアカラ紀の海にはあったとみられています。

本文中に登場するナミビアと白海（はっかい）（ロシア）は、どちらもエディアカラ生物群の化石を豊富に産出する地域です。その他にも、オーストラリアやカナダなど、世界各地にエディアカラ生物群の化石産地があります。

エルニエッタの学名は、「*Ernietta*」と書きます。全体の形は、アルファベットの「U」の字のようなカップ状になっています。

上段には三角形の切れ込みがあり、側面には細かな節が並ん

学名：エルニエッタ
（*Ernietta*）
化石産地：ナミビア
サイズ：15cm前後
主な参考論文：Gibson *et al.*（2019）

でいます。高さは大きなものでは15センチメートル前後になり、その下半分は海底に埋もれていたと考えられています。

なんとも不思議な形状です。自分で動けるようには見えません。そんなエルニエッタは、そもそも動物なのか、それとも、植物なのかさえよくわかっていませんでした。

2019年、ヴァンダービルト大学（アメリカ）のブラント・M・ギブソンさんたちは、エルニエッタの形とその周囲の水の流れについてコンピューターを使って解析した研究を発表しました。

その結果、エルニエッタは密な集団をつくって群生すると、下流にあたる個体のカップの中に、効率的に水が流れていくことがわかりました。

ギブソンさんたちは、この水の流れによって、水中に含まれている小さな餌が、とくに下流の個体にもたらされていたのではないか、と指摘しています。そして、餌を食べていたということは、エルニエッタが動物だったということになります。〝平和な世界〟のなかでも、群生という方法をとることで、より生きやすくなるように暮らしていたようです。

学名：ディッキンソニア
（*Dickinsonia*）
化石産地：オーストラリア、ロシアほか
サイズ：50cm以上？
主な参考論文：
Ivantsou *et al.*（2019）

ディッキンソニアは「*Dickinsonia*」と書きます。真上から見ると、楕円形に近い形をしています。そして、からだを左右にわけるような線があり、その線の両側に細かい節が並んでいます。サイズはさまざまです。1円玉程度の種もいれば、全長80センチメートルを超える種もいます。左右にわけるような線も、明瞭に確認できる種があれば、はっきりとしていない種もあります。復元画が描かれる際には、このからだの一部が膨らんだ状態として復元されることも、平たい板のように復元されることもあります。今回は、板のように復元しました。

2019年、ロシア科学アカデミーのアンドレイ・イヴァンツォフさんたちは、ディッキンソニアのある化石には、その化石につながるように、筋状の痕跡が確認できることを報告しました。イヴァンツォフさんたちの分析によると、その痕跡はディッキンソニアが分泌した粘液である可能性が高いとのことです。そして、その粘液を利用することで、海底を移動しやすくしていたかもしれないとイヴァンツォフさんたちは指摘しています。

キンベレラは、「*Kimberella*」と書きます。2007年、ロシア科学アカデミーのM・A・フェドンキンさんたちがまとめた論文によると、キンベレラは柔軟性の高い〝殻〟をもつ動物とされています。その殻の大きさは、大きなもので長さ15センチメートル、幅7センチメートル、高さ4センチメー

学名：キンベレラ
（*Kimberella*）
化石産地：ロシア、オーストラリアほか
サイズ：不明
主な参考論文：Fedonkin *et al*.（2007）

トルに達するとのこと。その殻のまわりにひだ状の構造があります。からだの一端から、細い吻部が伸び、その先端には爪のような構造があったとみられています。

キンベレラの化石のまわりの地層には、「引っ掻かれた痕跡」がしばしば確認されています。この引っ掻かれた痕跡は、キンベレラが自分のまわりの海底に積もった餌――有機物を集めていた証拠と考えられています。

2019年のイヴァンツォフさんたちの研究では、キンベレラにも粘液の痕跡がみられるそうです。ときには、自分の出した粘液の上に戻ることもあったとか。

自ら積極的に動くことがなかったエルニエッタとは異なり、ディッキンソニアやキンベレラは海底を這って進んでいたようです。ただし、こうした痕跡が見つかっていても、他の種や他の個体を襲った証拠は発見されていません。

エディアカラ紀の動物たちは、海底を移動する際にも手探りのような状態でゆっくりと進んでいたようです。

とくに他者と争うことがなかったこの時代は、旧約聖書に出てくる「エデンの楽園」になぞらえて、「エディアカラの楽園」と呼ばれています。

現代を生きる私たちには考えられないような、そんな世界がかつてあったようです。

Story

最初の覇者たちが見た景色

世界は依然として海の中にある。

しかし、その世界の〝登場人物たち〟は、大きく姿を変えていた。

水中を泳ぎ回るもの、海底を歩くものが増え、アクティブになった。

攻撃する、守る、逃げるなど、さまざまな「生きるための物語」が、あらゆる場所で展開するようになった。

これは、そんな世界で、「狩人」として頂点に君臨した2種のお話。

紺碧（こんぺき）の世界が、しだいに暗くなっていく。

上層を泳いでいた〝大きなものたち〟は、少しずつ視界から消えていった。おそらく自分たちの寝床へ帰っていくのだろう。今日もそろそろ、アノマロカリス・ブリッグスアイの時間帯だ。

からだの両端に並ぶひれを波立たせ、上昇を開始する。隣にいた平たくて硬い動物が、慌てるように離れていく。大丈夫、君たちを襲うことはしない。襲ったところで、食べることはできないのだから。

世界が昼から夜へと変わる数十分。上層はブリッグスアイの世界となる。

上層はまだ明るい。前後左右へとからだを動かす水流を感じる。今日は少し荒れたのかもしれない。しかし、蒼い光があるということは、今現在は、そうでもないということだろう。

本当に荒れた日は上層でも蒼くならないし、下層にいるブリッグスアイのところでも翻弄されるほどに波が来ることもある。

視界の片隅に、透明なからだをした小さな獲物を捉えた。10匹以上いる。彼らはこちらに気づいているのか、気づいていないのか。波の流れに身を任せ、漂っているように見える。

ブリッグスアイは加速する。

獲物たる彼らは、たくさんの触手を必死に動かしているようだ。

しかし遅い。

ブリッグスアイの2本のあしは、このときのためにある。前へ伸ばし、あしについたたくさんの櫛で、獲物を捕獲する。

そして、口へと運び込む。

いただきます。


数時間前。

アノマロカリス・カナデンシスは、逃げる獲物を追いかけていた。

獲物は半透明に近いからだで、大きさはカナデンシスのあしと同じくらい。大きなひれはない。ただし、それなりに大きな眼をもっており、どうやら接近するカナデンシスに気づいたらしい。

陽光の届くこの世界で、カナデンシスから逃げ切るのは至難の技だ。

まあ、でも、諦めて食べられるのを待つだけ、という獲物にはあったことがない。左右にからだをくねらせて、最後まであがきつづける。

柄ごと前を向いたカナデンシスのふたつの眼は、獲物までの距離、獲物の移動方向を正確に把握している。

カナデンシスは単純に獲物を追いかけるのではなく、大きく膨らんで前から追い込むことにした。

獲物の真後ろから軌道を変えて斜め左方向に進むことにする。カナデンシスはひれを波立たせ、加速。直後に尾びれを立てる。

立てた尾びれに水の抵抗を感じながら、右へ急旋回をする。

獲物の逃走方向に登場だ。

海では急に止まれない。獲物は方向を変えようとするも、間に合わない。

カナデンシスの自慢のあしには、三叉の小さな矛が並んでいる。

その矛をサクッと獲物に突き刺した。

捕獲成功だ。ゆっくりとあしを曲げ、味わうことにする。

もっとも、この獲物だけではカロリーが足らない。

幸いにして、まだ光は下層まで届いている。うっすらとだけれども、下層で休む巨体——アノマロカリス・ブリッグスアイの姿も見える。

カナデンシスは、眼を支える柄を左右に倒した。視界がぐっと広がる。

今度は、もう少し深いところで獲物を探しても良いかもしれない。

カンブリア紀の覇者

約5億3900万年前、「カンブリア紀」と呼ばれる時代が始まりました。約4億8500万年前まで続いたこの時代は、「本格的な生存競争が始まった時代」として知られています。

カンブリア紀が始まる前の動物たちは、ひれやあしといった効率的な移動手段をもっていませんでした。トゲやハサミといった〝武装〟ももたないものがほとんどで、獲物を噛み砕くための顎（あご）や歯ももっていなかったとみられています。鎧のように硬い組織ももっていません。つまり、攻撃するための術も、身を守るための術もなかったようです。その必要がなかったのかもしれません。なにしろ、21〜23ページで紹介したディッキンソニアやキンベレラのように、移動する動物でさえ、眼をもっていなかったのです。

カンブリア紀が始まると、ひれやあし、トゲやハサミや歯のようなつくり、顎のようなつくり、鎧のように硬い組織などをもつ種がいっきに増えました。

襲う・襲われる、喰う・喰われるの本格的な生存競争が始まったのです。

そんなカンブリア紀の世界で海洋生態系の頂点に君臨したとされているグループが「ラディオドンタ類」と呼ばれるものたちです。

このグループは、からだの両脇にひれを並べ、ほとんどの種の頭部には大きなふたつの眼をもち、頭部の底からは2本の大きな〝触手〟を伸ばしていました。この触手は、専門的には「付属肢（ふぞくし）」と呼ばれています。

物語に登場した「アノマロカリス・ブリッグスアイ」は、学名を「*Anomalocaris briggsi*」と書くラディオドンタ類です。

オーストラリアのカンブリア紀の地層からは、ブリッグスアイの付属肢と、その複眼の化石が発見されています。「複眼」とは、現在の昆虫などの眼と同じです。小さなレンズが集まって、ひとつの眼をつくっています。

2020年、その複眼の化石を報告したニューイングランド大学（オーストラリア）のジョン・R・パターソンさんたちは、その化石を分析し、ブリッグスアイの複眼は頭部の表面にぴった

学名：アノマロカリス・ブリッグスアイ
（*Anomalocaris briggsi*）
化石産地：オーストラリア
サイズ：不明
主な参考論文：Paterson *et al.*（2020）

りとくっついていて、約1万3000個のレンズが並び、しかもその多くが自分の上方を向いて配置されていたことを明らかにしました。

パターソンさんたちは、現在の深海生物などと比較して、ブリッグスアイの複眼が「薄暗い環境向き」であったことを指摘しています。つまり、「薄暗い水深に生息していたか、あるいは、薄暗い時間帯に活動していた可能性が高い」というのです。上に向いたレンズは、自分よりも水深の浅い場所にいる獲物を捉えることに適しています。

また、ブリッグスアイの付属肢は、内側に細かなトゲが並んでいました。獲物に刺すトゲというよりは、かなり小さな獲物の姿を捕まえる網のようなつくりです。そのため、ブリッグスアイはプランクトンを食べていた可能性が指摘されています。

プランクトンを追いかけるためには、あまり速いスピードを必要としません。物語で描いたような夕方の時間帯にのっそりと活動する姿は、こうした情報にもとづいています。

一方、アノマロカリス・カナデンシスの学名は、「*Anomalocaris canadensis*」と書きます。アノマロカリス・カナデンシスとアノマロカリス・ブリッグスアイは、ともに「アノマロカリス」の名前をもつラディオドンタ類ですが、異なる点がいくつもあります。

最大のちがいは、付属肢に並ぶトゲの形です。ブリッグスアイの付属肢のトゲは「網のような

学名：アノマロカリス・カナデンシス
(*Anomalocaris canadensis*)
化石産地：カナダ、オーストラリア？
サイズ：50cm以上？
主な参考論文：Paterson *et al.* (2020)

つくり」になっていましたが、カナデンシスのトゲは先端が鋭く尖り、三叉の矛のような形です。明らかに「獲物に刺すトゲ」でした。

また、オーストラリアからは、カナデンシスの複眼とみられる化石も発見されています。そこには、ブリッグスアイの複眼のレンズ数を大きく超える、実に2万4000個以上のレンズが確認されています。

基本的に、複眼のレンズ数は、多ければ多いほど、対象の姿をしっかりと捉えることができます。単純化して書いてしまえば、カナデンシスのほうがブリッグスアイよりも〝眼が良い〟のです。ブリッグスアイの複眼の分析をしたパターソンさんたちは、同じ論文でカナデンシスの複眼の分析結果も発表しています。パターソンさんたちによると、カナデンシスの眼は、明るいところでも、薄暗いところでも、獲物の姿を捉えることができたようです。

もっとも、ブリッグスアイの複眼のレンズが「上方向き」が多かったことに対し、カナデンシスのレンズは「ほぼ全方向」でした。そのため、とくに時間帯に縛られることなく、むしろ獲物をより遠くまで見通せるような明るい時間帯にこそ、その〝眼の威力〟を発揮することができたのかもしれません。

そして、カナデンシスの複眼のつけ根には「柄」がついていました。この柄は、稼働式だったとみられています。

柄の先を左右に広げれば、視界が広くなります。これは獲物を探すときに便利です。柄を前方に向ければ、視界が狭くなるかわりに、左右の眼の視界が重なり、立体視が可能となり、獲物との距離を把握しやすくなります。狩りに有利な特徴です。

鋭いトゲや高性能の複眼、可動式の柄など、いずれも、カナデンシスが優秀な狩人だったことを物語る特徴といえるでしょう。

クイーンズ大学（カナダ）のＫ・Ａ・シュッパルドさんたちが、２０１８年に発表した研究にも注目です。

ブリッグスアイの化石は付属肢と複眼だけですが、カナデンシスの化石はほぼ全身が発見されています。そして、からだの後端に左右３枚ずつの〝尾鰭（おびれ）〟があることがわかっています。

シュッパルドさんたちは、カナデンシスがこの尾鰭を使って上手に泳いでいた可能性があることを指摘しました。シュッパルドさんたちの分析によると、尾鰭を畳んで泳ぐとスピードが増し、尾鰭を立てると曲がりやすくなるとのことです。

これもまた、狩人としての得難い特徴といえます。

物語におけるカナデンシスのようすは、こうした特徴をもとに紡いでいます。

同じアノマロカリスであっても、ブリッグスアイとカナデンシスは、かくも異なる生態だったと考えられています。専門家は、すでにこのふたつの種は、同じラディオドンタ類であっても別のグループに位置づけていました。実は、「アノマロカリス」の名前をもつ種は他にもいくつかありましたが、いずれも別グループでした。現在、そうした別グループの「アノマロカリス」については別の名前が与えられつつあり、ブリッグスアイも遠からず「アノマロカリス」とは呼ばなくなるかもしれません。

なお、ラディオドンタ類については、2020年にブックマン社から上梓した『アノマロカリス解体新書』と、2023年に技術評論社から上梓した『地球生命　無脊椎の興亡史』でもくわしくまとめました。ご興味のある方は、ぜひ、この2冊もお楽しみいただけるとうれしいです。

Story

地中も安全とは限らない

ここ〝最近〟になって、凶暴な連中が〝楽園〟を乱すようになった。

海底の表面で、ゆっくり・のんびりと平和に暮らしていた動物たちを、積極的に狩る捕食者が出現したのだ。

そこで、ある種の動物たちは、新たな生活圏を海底下に求めた。

海底表面が危険ならば、その危険から身を隠せばイイ。

その動物は、円筒形のからだをもち、眼はなく、からだの一端にトゲの並ぶ口がある。名前はない。とりあえず、「名なしの蠕虫（ぜんちゅう）」としておこう。

「名なしの蠕虫」は、口のある前端部を前方に突き出して、やわらかい砂の間に入れる。その後、その前端部を膨らませフックのように使い、まわりの堆積物に引っ掛けることで残りのからだを前へ引き寄せる。その繰り返しだ。

海底表面は危険な時代になってしまったけれども、海底下であれば、脅威はまだない……と思われていた。

しかし、その動物がやってきてからすべてが変わってしまった。

からだの下に多数の細い脚を2列に並べたその狩人は、右列の脚は、右やや前の場所からからだの真下へと海底の泥を掻き込み、左列の脚は、左やや前の場所からからだの真下へと海底

の泥を掻き込みながら進む。

シャカシャカという音が聞こえてくるような、そんな歩き方だ。

左右の脚で海底を削りながら、前へ前へと進んでくる。その動物自体は、さほど大きくはなく、殻の厚みもない。

しかし、その動物は狩人――〝積極的捕食者〟だった。エディアカラ紀までは、いなかった〝タイプ〟である。

「名なしの蠕虫」は、海底下でそっと身を潜める。

大丈夫。

狩人の存在は恐ろしいけれども、海底下にいれば、安全のはず。

……はずなのに、その狩人は、「名なしの蠕虫」が潜むその場所の近くにまでやってきた。そして……「名なしの蠕虫」が通ったあとにできた地下空洞の上に近づく。このとき、地下空洞の天井の一部がかすかに崩れた。

……と思ったときにはすでに遅い。狩人は、その崩壊場所から「名なしの蠕虫」の場所を推測。崩れた場所を見たのだろうか、それとも、些細な音か。あるいは、「名なしの蠕虫」が残した匂いを感じたのか。

手段はわからないけれども、何らかの方法で、「名なしの蠕虫」の場所は感知されたのだ。

脚をいつもより大きく振りかぶり、そして、深く刺す。「名なしの蠕虫」を捕獲した。「名なしの蠕虫」は、海底下から引きずり出されてしまう。

それが「名なしの蠕虫」の最期だった。

〝感知の狩り〟のはじまり

約5億3900万年前に古生代カンブリア紀が始まると、世界に「海底下」が加わることになりました。

約5億3900万年前より前――エディアカラ紀までは、世界は海底表面（あるいは、その上の〝海中〟）に限られていました。しかし、約5億3900万年前のカンブリア紀になると、生き物は海底下に潜るようになったのです。

……というよりも、実は、海底下のある生物痕が確認できるタイミングをもってして、「カンブリア紀のはじまり」と決められています。

このはじまりに何があったのでしょうか？

なぜ、海底下に潜るようになったのでしょう？

エディアカラ紀の動物たちは、手探りのような状態でゆっくりと移動して、他の動物を積極的に襲うことがほとんどなかったと考えられています。平和な時代でした。「エディアカラの楽園」

と呼ばれる所以です。

一方、カンブリア紀になると「積極的に動き回った痕跡」が、海底表面にも、海底下にも残るようになります。〝世界〟がいっきに広がったのです。

例えば、2019年にウプサラ大学（スウェーデン）のジアニス・ケシディスさんたちが、スウェーデンにあるカンブリア紀の地層から報告した〝足跡化石〟もそのひとつです。それは、「足跡」とはいってもチューブ状になっていました。

ケシディスさんたちの分析によると、このチューブ状の〝足跡化石〟は、「鰓曳動物（えらひきどうぶつ）」と呼ばれる無脊椎動物が残したもののこと。鰓曳動物は、まさしく柔軟な円筒形のからだをもち、からだの前端に口があります。眼はもっておらず、視覚はありませんでした。

ケシディスさんたちは、現生種を観察することで、鰓曳動物が地中を掘り進んでいた痕跡が、化石となったと特定しました。

この「海底下の移動の痕跡」自体が、エディアカラ紀にはほとんどなかったことです。

加えて、その「鰓曳動物の痕跡」と重なるように、「左右から引っ掻いたような痕跡」が無数に連なっているようすも確認されました。

この「左右から引っ掻いたような痕跡」は、三葉虫類の歩行痕とみられています。

三葉虫類は、現在でいえば、カブトムシなどの「昆虫類」やカニやエビなどの「甲殻類」と同じ節足動物のひとつです。節足動物はとても大きなグループで、多くの分類群がここに所属しています。三葉虫類は、そうしたグループのひとつであり、そして、絶滅したグループでもあります。

鰓曳動物の痕跡と重なる三葉虫の歩行の痕跡。

ウプサラ大学（スウェーデン）のソーレン・ジェンセンさんは、1990年にそうした化石を報告し、それが三葉虫が鰓曳動物を狩った証拠としました。

問題は、その三葉虫が、どうやって、地下の鰓曳動物を特定したのか、ということです。ジェンセンさんは鰓曳動物の地下トンネルが崩れた場所を視覚によって捉えたのか、あるいは、鰓曳動物の出す何らかの化学物質を感知したのではないか、と指摘しています。「知覚して・狩る」が本格的に始まった証拠のひとつといえるかもしれません。なお、カンブリア紀の鰓曳動物のなかには、地下トンネルで捕食者から姿を隠すもののほかに、他の生物の殻を、その生物の死後に自身の〝殻〟として、まるでヤドカリのように身を守っていたものもいたようです。

鰓曳動物
化石産地：世界各地
主な参考論文：
Kesidis *et al.*（2019）

Column

「眼の誕生」が世界を変えた

生活空間を海の底へ……三葉虫から逃げる鰓曳動物

カンブリア紀になって、動物たちは本格的に「海底下」を生活の舞台に加えました。本文中では、地下に潜む鰓曳動物は、三葉虫類に発見されていますが、基本的に「地下に潜る」ことは「隠れる・逃げる」につながります。

カンブリア紀になると、三葉虫類のように「眼」をもつものがいっきに増えました。“視覚による探査”が始まります。エディアカラ紀までは海底の上にからだを“さらして”いても比較的安全でしたが、カンブリア紀以降の“狩られる側”の動物たちは、“狩る側”の動物たちの「眼」に発見されないように気を付ける必要があります。そこで、海底下に潜るものが本格的に増えたのだと考えられています。当時、他にも“狩られる側”には、素早く泳げる動物や、硬い殻をもつ動物などが増えました。一方、“狩る側”にも、素早く泳ぐ動物などが増えました。カンブリア紀の“多様性の増加”のきっかけには、「眼の誕生」があったと考えられています。

Story

洗練された泳ぎ

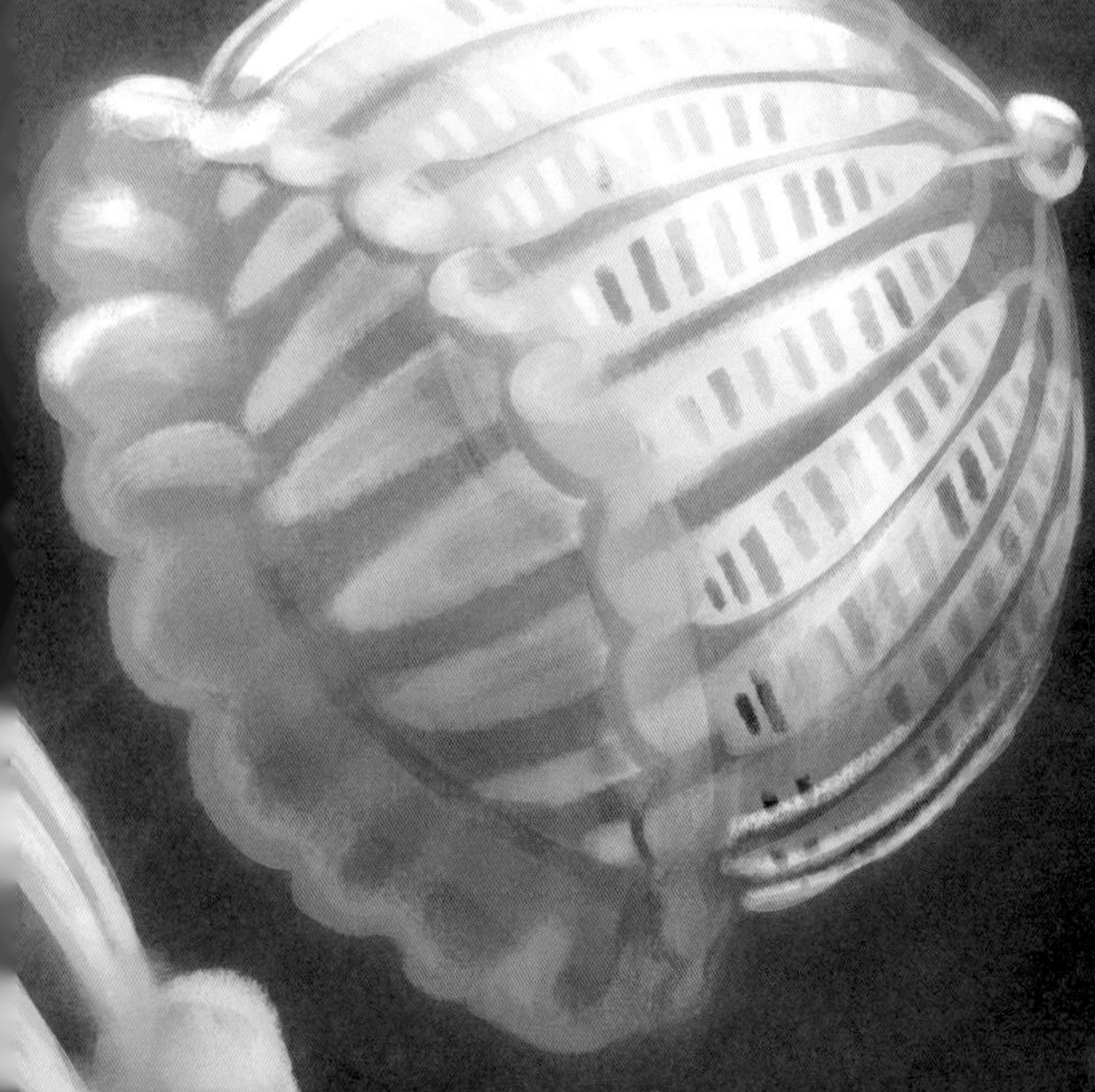

暗闇の海の中を、煌めきの一群が泳いでいる。

その煌めきは、まるでボールのように丸く、よく見ると一端がスカートのように広がっている。

煌めきは、明滅でもあり、そして変化する。ボールのように丸い部分を膨らませ、そして、縮ませて泳ぐ。漆黒の海の中で、その明滅だけが美しさを見せている。

何のために、煌めいているのだろうか。

その理由はよくわからない。

よく見ると、ボールの形が異なる2種類がいる。ひとつはまさしくボールのように丸く、そして、煌めき部分の密度が高い。「タラソスタフィロス」という名がある。

もうひとつは、ボール部分がやや紡錘形になっていて、煌めき部分の密度が低い。こちらは、「クテノルハブドットス」という。

煌めき部分以外のからだは、ともに透明、もしくは半透明だ。硬さはまったく感じられないし、臓器らしい形状のものは見てとることができない。

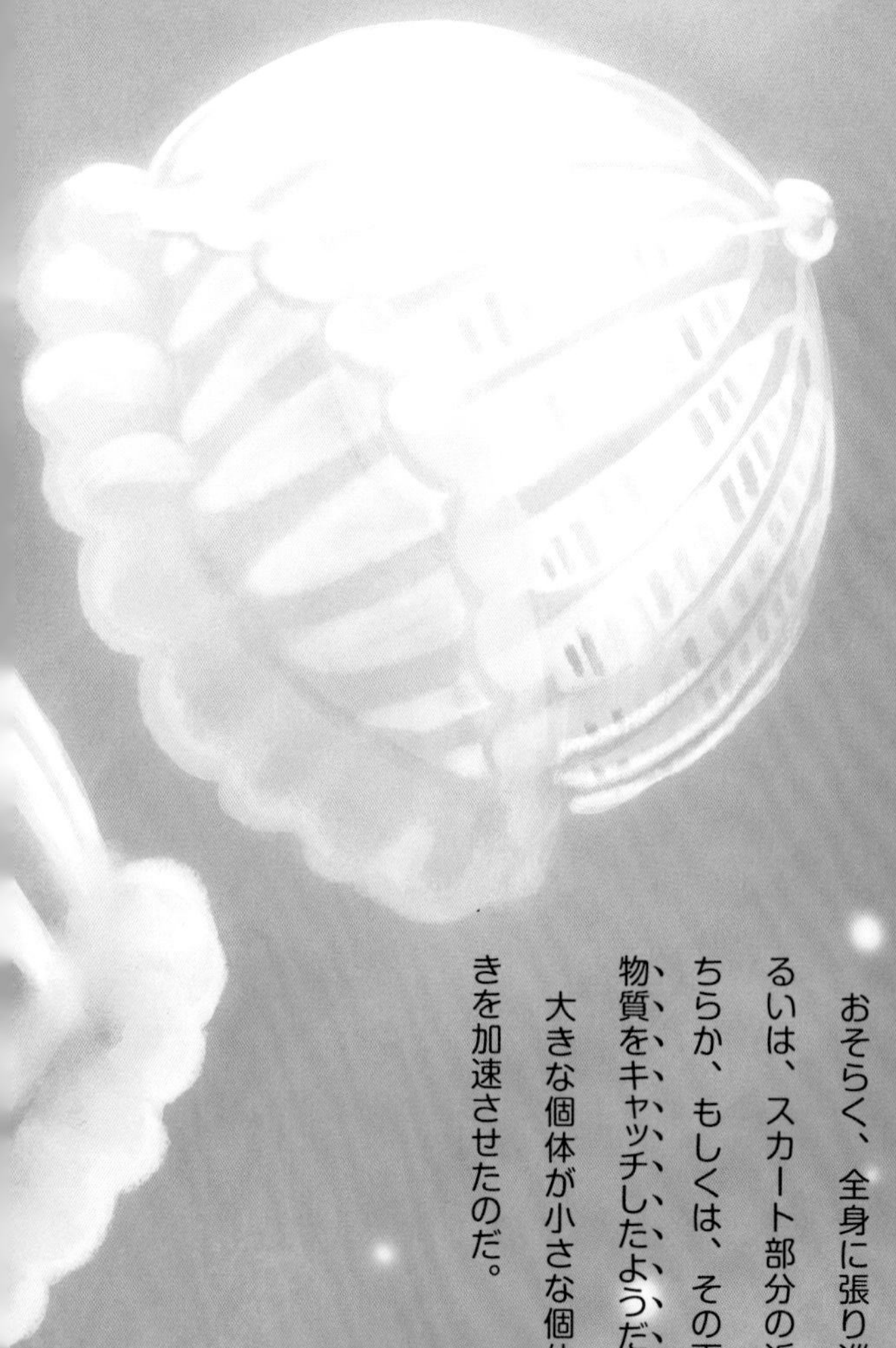

水流のある海だ。それでも、姿勢をしっかりと安定させているからには、一定程度の平衡感覚はありそうだ。

一群のなかで、併走するように泳いでいた大小2個体のクテノルハブドットスの動きが変化した。おそらく、全身に張り巡らせた神経系か、あるいは、スカート部分の近くにある神経系のどちらか、もしくは、その両方で、何らかの化学物質をキャッチしたようだ。

大きな個体が小さな個体から逃げるように動きを加速させたのだ。

小さな個体のほうがやや速い。ほどなくして、小さな個体は、大きな個体に追いついた。

「ぐばぁ」

そんな擬音語が似合う。

小さな個体はスカートを広げた。その勢いのまま、自分よりも大きな個体を飲み込んで、スカートを閉じる。

そして、ゆっくりと大きな同種を体内で消化していく。

「古い」は「悪い」じゃない

今回の物語の主役となったタラソスタフィロスとクテノルハブドットスは、「クシクラゲ類」と呼ばれるグループに分類されています。

クシクラゲ類は、「クラゲ」という文字は使っているものの、クラゲ類とは別の動物群です。クラゲ類は、より大きなグループである「刺胞動物」に属しています。刺胞動物は、その名の通り、「刺胞」をもちます。「刺胞」は、からだの表面に並ぶ毒針のことです。クラゲ類は、この刺胞を武器として、獲物を狩ります。そして、感覚器として、光やからだの傾きを感じるしくみを備えています。

一方のクシクラゲ類は、見た目こそクラゲ類とよく似ていますが、刺胞動物の仲間ではありません。「有櫛動物」というグループに属しています。

クシクラゲ類には、刺胞はありません。からだの表面には、「櫛板」と呼ばれるせん毛の束が列をつくって並んでいます。現生種において、その列の数は8つ。この櫛板を波打たせて、ゆっくりとすべるように泳ぎます。このとき、櫛板が光を反射して、虹色に見えるのです。この櫛板にからだの傾きを感じる感覚器を備えています。また、現在のクシクラゲ類は、触手をもっています。ここにも感覚器があるとされています。そして、獲物であるプランクトンなどを触手にくっつけて、口に運び、食べています。

タラソスタフィロスとクテノルハブドットスは、ともに古生代カンブリア紀のクシクラゲ類です。

タラソスタフィロスは、「*Thalassostaphylos*」と学名を綴ります。からだの大きさは27ミリメートルほどと、ヒトの指先サイズです。からだの表面に並ぶ櫛板が、現生種の2倍に相当する16列もありました。もしも現生種と同じようにこの櫛板でからだの傾きを感じていたのなら、現生種よりも傾きに敏感だったのかもしれません。触手はなく、かわりに口のまわりにスカートのようなつくりがあります。

クテノルハブドットスは、「*Ctenorhabdotus*」と学名を綴ります。からだの大きさは14・5ミリメートルほど。タラソスタフィロスよりもさらに小さいクシクラゲです。櫛板が、現生種の3倍に相当する24列もありました。

学名：タラソスタフィロス
（*Thalassostaphylos*）
化石産地：アメリカ
サイズ：27mm
主な参考論文：Parry *et al.*（2021）

こちらも触手はなく、かわりに口のまわりにスカートのようなつくりをもっています。

この2種類のクシクラゲを2021年に報告したオックスフォード大学（イギリス）のルーク・A・パリーさんたちは、とくにクテノルハブドットスに注目しています。その化石に、神経とみられる構造が残っていたからです。

そもそも化石に残りやすいのは、骨や殻といった硬い組織です。全身が柔らかい組織でできているクシクラゲ類は、そのからだの形がわかるような化石が残っていることだけでも、かなり珍しいといえます。

さらに、クテノルハブドットスの化石に関しては、神経まで残っているという〝異常さ〟です。そして、その神経は、スカートの縁にもありました。

タラソスタフィロスとクテノルハブドットスは、大きなスカートを使って、大きな獲物を食べていたと考えられています。現生種のように触手を使うよりも、大きな獲物を

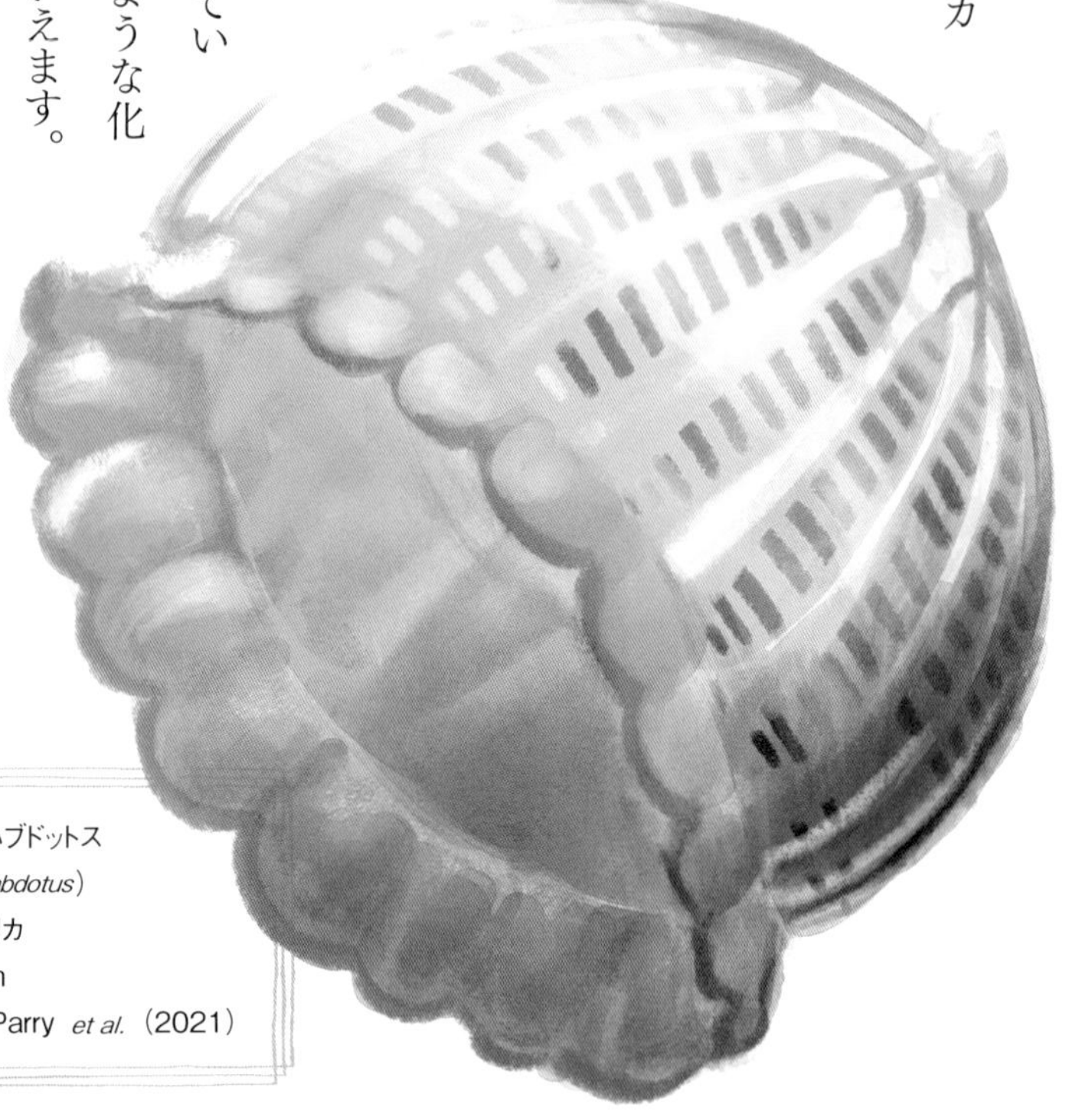

学名：クテノルハブドットス
（*Ctenorhabdotus*）
化石産地：アメリカ
サイズ：14.5mm
主な参考論文：Parry *et al.*（2021）

襲うことができたかもしれません。

一方で、現生種の触手は、触覚器官でもあります。触手をもたないタラソスタフィロスとクテノルハブドットスは、この触覚ももたず、どのように獲物を探していたのかがよくわかっていません。クテノルハブドットスのスカートの淵にある神経系に関しては、スカートの動きを制御する役割を担っていた可能性が指摘されています。

いずれにしろ、カンブリア紀のクシクラゲ類は、現生種よりも複雑な神経系をもっていた可能性があるようです。ひょっとしたら、現在のクシクラゲ類よりも洗練された感覚を備えていたのかもしれません。その場合、クシクラゲ類は、進化にともなって神経や感覚を失っていったということになります。

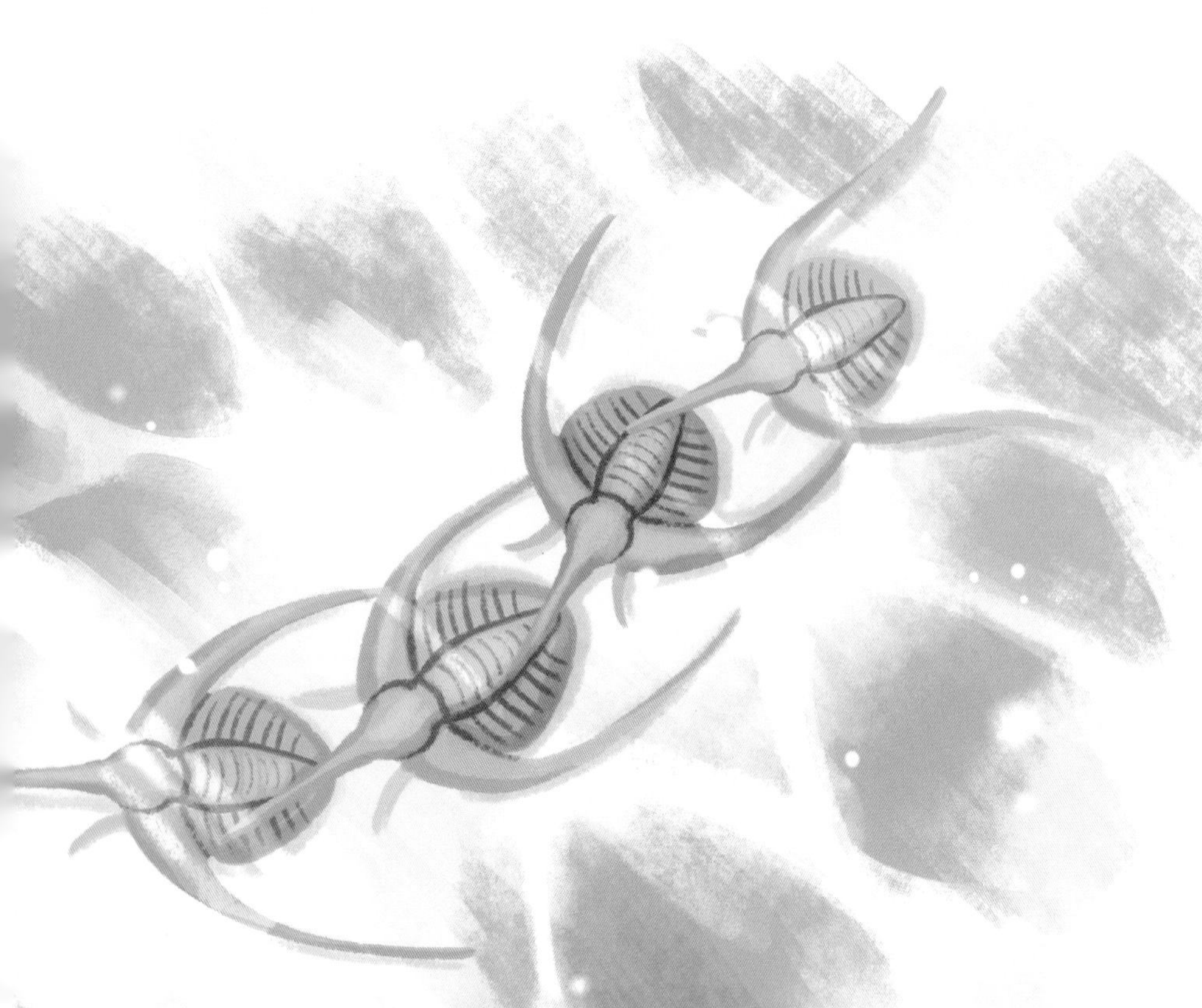

Story

みんな一緒に

アンフィクスは三葉虫だ。

頭部は三日月のような形状で、その中央先端からは、まるで西洋のレイピアのように細くて長いトゲが伸びる。また、頭部の両端にも細く長く後方に伸びるトゲがある。そして、頭部のレイピアの付け根近くから細い触角が出ている。胸部と尾部は小判を少し縮めたような形状で、胸部の節の数はさほど多くない。

そんなアンフィクスには、大きな特徴があった。

……レイピア状のトゲがすでに独特の特徴ではあるけれども、ある意味では、レイピア状のトゲを上回る特徴といえるかもしれない。

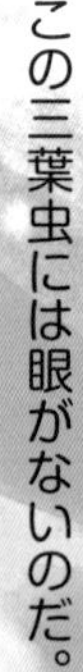

この三葉虫には眼がないのだ。

ある海底に、10匹を超えるアンフィクスが集まっている。

それぞれ思い思いの方向を向いており、互いの距離もバラバラだ。方向も、距離も規則性はない。

ある個体は休息中で、ある個体は、海底の泥についた有機物を食べていた。

変化は、ある1匹から起きた。

ふわっと、その1匹がフェロモンを放出したのだ。この個体、実は雌らしい。フェロモンは、交尾のお誘いだ。

最寄りの位置にいた雄が反応する。触角がピクピクと動き、そのフェロモンを感知した。

その雄もフェロモンを放った。ふわっと。

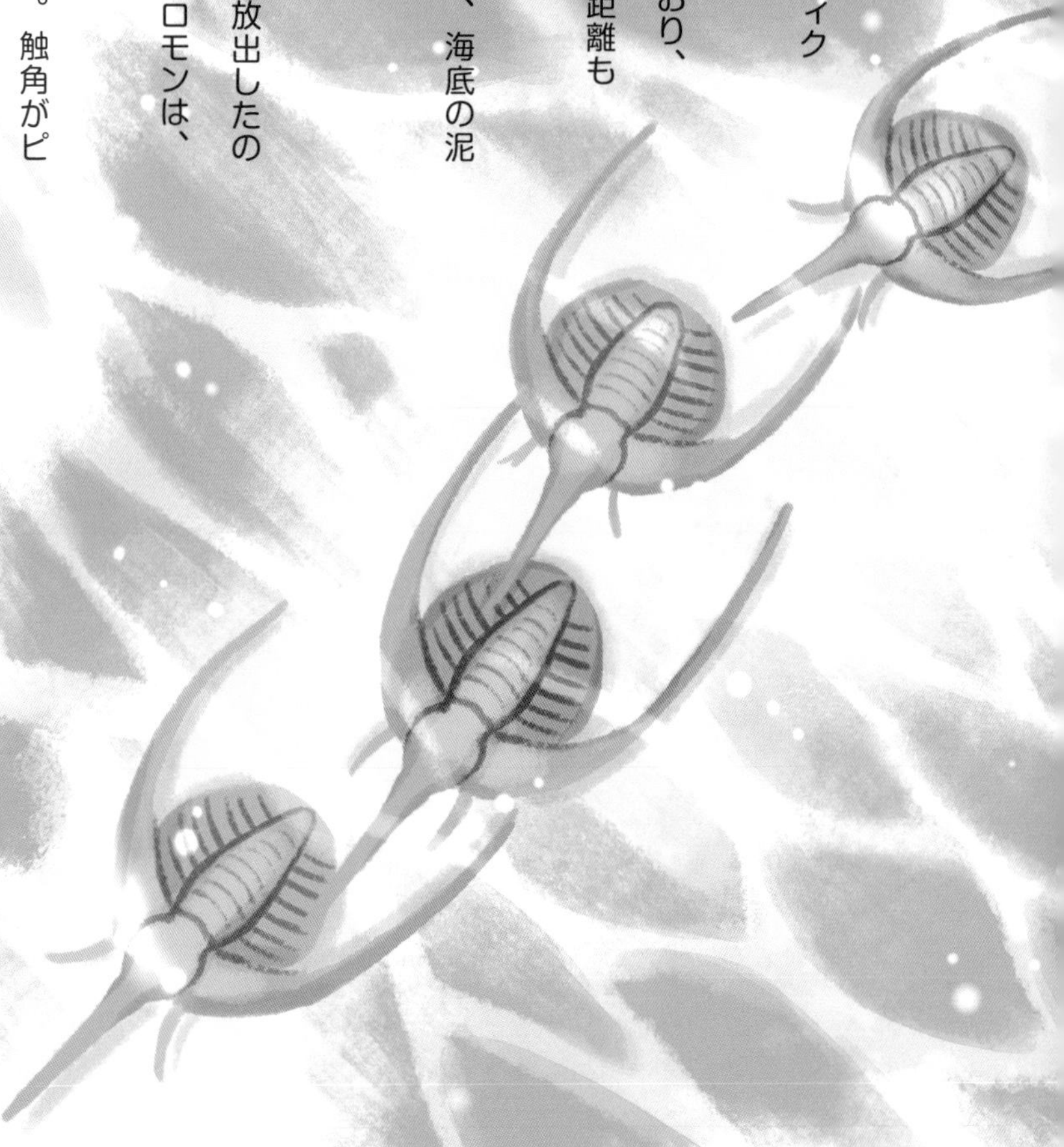

雄のフェロモンは、雌への返事のつもりだったのかもしれない。たしかにフェロモンは雌に届いた。しかし、まわりには多数の同種がいる。そのなかには、当然のように雌も複数いた。

雄のまわりにいる雌たちの触角が動く。そして、その雌たちもフェロモンを放った。ふわっと。

フェロモンの連鎖である。

一帯には、交尾の誘いと返事、そして、その応酬のフェロモンが満ちていく。

何はともあれ、交尾をするには、雄と雌は触れ合わなければならない。幸い水流はほとんどなく、雌のフェロモンは雌のまわりに、雄のフェロモンは雄のまわりに、それぞれ残っている。眼のないアンフィクスたちは触角を懸命に動かして、異性のフェロモンが濃い位置を探し、相手を探し、寄っていく。

ある雄は、そうして動いている間に、頭部の右端から後方へ伸びる長いトゲが、となりを動いていたアンフィクスに接触した。

トゲの感触は、「そこにいる」ことを告げている。しかし、フェロモンの情報は、そのアンフィクスが自分と同じ雄であることを示していた。

探しているのは異性である。

方向を変え、触角とトゲを頼りに雌を探していく。

ようやく雌らしい個体をみつけた。触角とトゲを頼りに、その雌の後方を探し当てる。アンフィクスの交尾は、雌の後ろから雄が乗る姿勢が基本だ。

……と移動中の自分の後ろに、どうやら別のアンフィクスがついたらしい。フェロモンを感知できなかった雄が雌と勘違いしたのか、それとも、別の雌が自分を誘っているのか。

いずれにしろ、そんなことはどうでもイイ。

自分はすでに雌を見つけ、その後方に回り込んだのだ。

どうやらその雌は、この場所で交尾をすることを好まないようだ。ゆっくりと移動を始める。もちろん、雄もその雌の後ろをついていく。トゲの〝触覚〟を頼りに、雌を逃さぬように。

すると、その雄の後方にいた雄も自分のうしろにつき始めた。そして、彼らには気づかないことかもしれないけれど、後ろに次々とアンフィクスたちが並び始めた。

こうして、アンフィクスたちは一列になり、別の海底へと移っていった。

1列で並ぶ化石

物語に登場した「アンフィクス」は、「アムピクス」とも呼ばれます。学名を「Ampyx」と綴る三葉虫類です。からだの大きさは1センチメートルほど。そのからだの先端から、前方に向かって伸びるレイピア状のトゲは2センチメートルほどの長さ、頭部の両端から後方へ伸びるトゲも2センチメートルくらいの長さがありました。1列に並んだ化石は、モロッコに分布する古生代オルドビス紀の地層から発見されています。

物語で触れているように、アンフィクスには眼がありません。

そもそも三葉虫類は、基本的に「眼のある動物」です。炭酸カルシウム製の殻には、はっきりとそれとわかる眼が残っていることが通例です。その眼には、たくさんの細かなレンズが並んでいます。こうした多数のレンズでつくられた眼は、「複眼」と呼ばれています。現在の動物でみると……例えば、トンボの眼を想像してもらうと良いと思います。本書ですでに紹介した古生物では、ラディオドンタ類（28～33ページ）の眼も複眼でした。

三葉虫類は、古生代の海でたいへん繁栄した動物グループで、種の数は1万5000を超えました。そのなかには、アンフィクスのように眼がない種がいくつか確認されています。ほとんどの三葉虫類が眼（複眼）を備えているため、アンフィクスのように眼をもたない種については、おそらく祖先は〝普通に〟眼をもっていたものの、進化の過程でその眼を失ったのではないか、と考えられています。

進化で眼を失うことがあるの？

そう思われるかもしれません。結論からいえば、「進化で眼を失うこと」はあります。典型例は、〝眼を使わない環境〟で進化を重ねた場合です。例えば、暗い洞窟の中や、光がまったく届かない深海などでは、眼を備えていても、何も見えません。そうした場所で進化を重ねると眼は退化し、そして、消失すると考えられています。

もっとも、アンフィクス自体が、どのような進化を得て、眼を失ったのかはわかっていません。

興味深いのは、複数のアンフィクスの化石が、しばしば1列になって発見されることです。多い場合は、11個体以上が列をつくることもあります。多少左右のずれがありますが、この三葉虫が、1列で移動していたことは、どうやら確からしいとみられています。

ここで、ふたつの疑問が生じます。

ひとつは、なぜ、1列になっているのか、ということ。

もうひとつは、眼がないのに、どうやって列をつくっていたのかということです。

最初の疑問に対しては、「トンネルを進んでいたから」という見方もあります。たしかに、アンフィクスの横幅ギリギリのトンネルを進んでいたのであれば、必然的に1列になります。海底にそうしたトンネルがあったのかもしれません。

ふたつ目の疑問に対しては、列をつくったほうが、「水の流れを受けずに済んだのではないか」という指摘もあります。

これは、例えば、私たちヒトの陸上競技——マラソンでもしばしば見ることができます。先頭を走る選手の後ろにぴったりとついて走ることで、2番手以降の選手は風を受けることがなく（つまり、先頭の選手を風除けとして使い）、体力を温存できます。初春の風物詩、「箱根駅伝」でもよく登場する場面です。

学名：アンフィクス（*Ampyx*）
化石産地：モロッコ
サイズ：7cm
主な参考論文：Vannier *et al.*（2019）

同じことを、海底で三葉虫がおこなっていても、不思議ではないかもしれません。

2019年、リヨン大学（フランス）のジャン・バニエさんたちは、列をつくるアンフィクスの化石を詳細に調べた結果を発表しました。バニエさんたちの分析によると、アンフィクスの化石が埋まっていた地層には、「トンネルの痕跡」が確認できないそうです。つまり、なぜ、1列だったのか、という疑問の答えとして、「トンネルを進んでいたから」である可能性は、低くなりました。

バニエさんたちは、列をつくるアンフィクスは、からだの一部が重なっていることに注目しました。とくに3本のトゲが、他の個体のからだの一部と重なっていることが多くありました。

そこで、アンフィクスは、こうしたトゲを〝触覚センサー〟として使っていた可能性をバニエさんたちは指摘しています。

また、アンフィクスに限らず、すべての三葉虫類は、頭部先端から前方へ伸びる1対2本の触角をもっていたと考えられています。バニエさんたちによると、この触覚の先端には、フェロモンなどを感じるための〝嗅覚センサー〟があったのではないか、とのことです。

こうした仮定をもとに、バニエさんたちは、1列の縦隊ができた理由のひとつとして、「フェロモンを出して移動していた」という可能性を指摘しました。

つまり、アンフィクスが互いにフェロモンを分泌して、自分の位置を仲間に周知させ、そして、繁殖場所に移動する際には、トゲをつかって互いの位置と進行方向を確認していたのではないか、というのです。そして、結果的に列となったというわけです。現生のカブトガニでも、交尾の際に列をつくることが確認されています。

トゲと触覚を駆使することで、眼のないアンフィクスでも、互いの位置を把握して、移動していたのかもしれません。私たちが暗闇で移動する際に、手をつないで相手の位置を知るように、アンフィクスも触角とトゲで仲間とともに移動していたのかもしれません。

もっとも、その嗅覚や触角（触覚）の性能はあまり高くないようで、実はしれっと混ざった別の三葉虫が、列の一部となっている標本もあります。ヒトでいうならば、いつの間にか、知らないヒトが列に混ざっていても、暗闇なので、そのことがわからなかったということになるでしょう。もっとも、ヒトの場合は、握る手の大きさや、皮膚の状態、匂い、あるいは、声によって、相手のことを知ることができますが、アンフィクスにはそれが難しかったのかもしれません。

ちなみに雄と雌の連鎖の部分は、こうした〝元ネタ〟からの想像です。実際にアンフィクスの雌雄をどのように区別すれば良いのかはわかっていません。

なお、一列になることで「水の流れを受けずに済んだのではないか」に関しては、他の三葉虫類でも分析がなされており、その選択肢が消えているわけではありません。

化石の王様「三葉虫」って何?

子孫は残っていない 三葉虫の名前の由来

三葉虫は、「三葉虫綱」という節足動物のグループであり、約2億5200万年前の古生代末に絶滅し、その子孫は残っていません。二枚貝類の殻などと同じ炭酸カルシウム製の硬い殻をもつため、よく化石に残ります。

三葉虫の最大の特徴は、この殻にあります。三葉虫の殻を真上から見ると、前後方向にも横方向にも3分割されているのです。前後方向は、「頭部」「胸部」「尾部」という“ありふれた特徴”ですが、横方向にも「側葉」「中葉」「側葉」に分かれているのは三葉虫の大きな特徴となっています。そもそも、「三葉虫」という名前も、この「三つの葉」にちなみます。

三葉虫のからだ

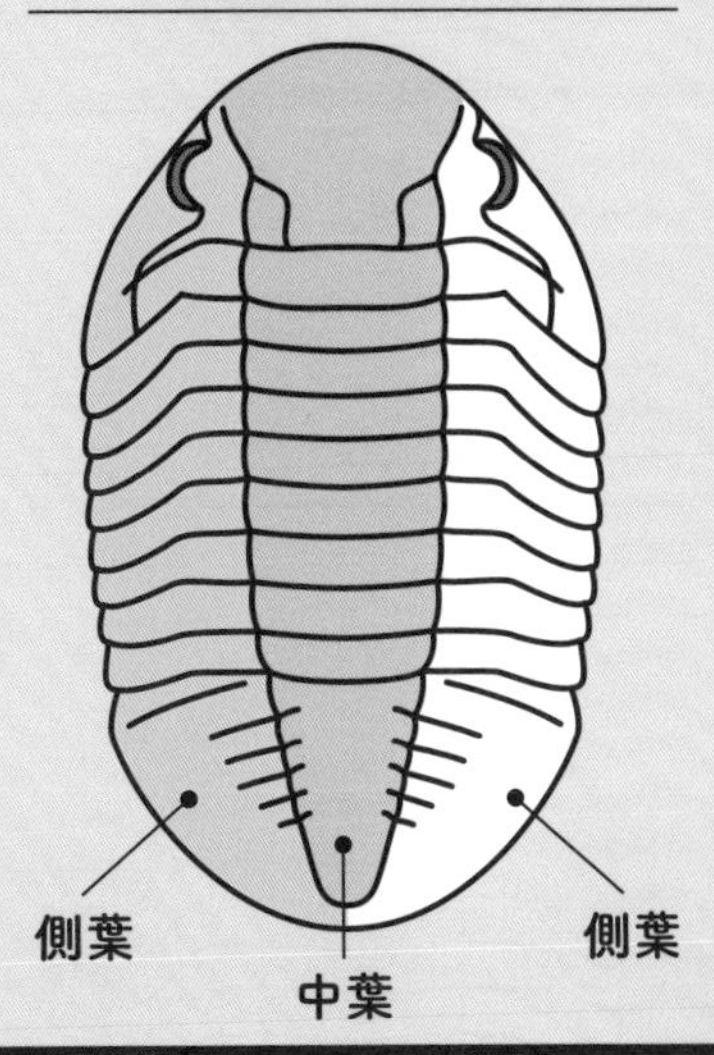

（イラスト／土屋香）

Story

煌々と輝く海の中で……

エルベノチレは三葉虫だ。

けっして大きくはない。かといって、小さくもないからだをもち、背には細かなトゲがびっしりと並んでいる。

目立つのは、眼だ。多くの三葉虫と同じように、エルベノチレは小さなレンズが集まった複眼である。「小さなレンズ」とはいっても、エルベノチレとその仲間のレンズは、他の三葉虫たちと比べるとやや大きい。

エルベノチレの場合、そのレンズが、縦に積み重なってタワーをつくっている。左右にひとつずつ。〝ツイン・複眼タワー〟だ。積み重なった

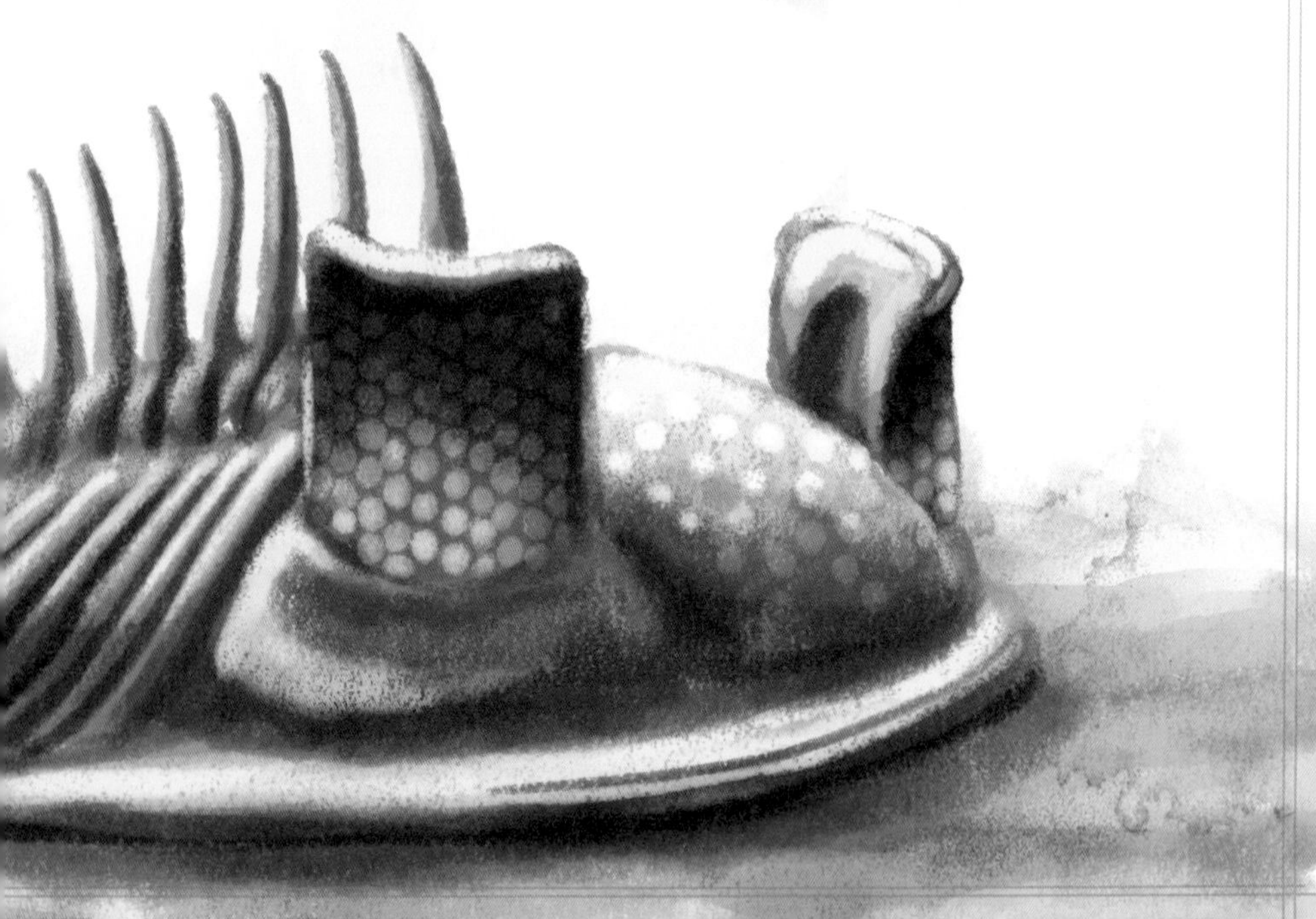

レンズは実に18段におよぶ。

右の複眼タワーは右に弧を描いた半円形で、左の複眼タワーは左に弧を描いた半円形である。その弧の部分にレンズが並んでおり、内側にはレンズはない。


エルベノチレは海底で暮らしている。

それは平和な日のはずだった。

ゆるやかな起伏のある海底には、高くなった陽光が届き、海底の白い砂粒を綺麗に照らしている。エルベノチレだけではなく、複数種の三葉虫がこのあたりで暮らし、あるものは休み、あるものは海底にたまった有機物を食べていた。

そうした三葉虫たちには、エルベノチレのように背をトゲで武装した種もいれば、頭部の先端からまるで矛のような突起物を伸ばしているも

のもいる。もっとも、そうした三葉虫たちの眼の高さは〝普通〟だ。

エルベノチレたちが暮らす海域は、けっして安全とはいえない。〝最近〟になって台頭した「顎をもつからだの大きな遊泳生物」は、三葉虫類の象徴ともいえる硬い外骨格を容易に噛み砕いてしまう。三葉虫など、さして美味しいはずはないのに……。

さらに高くなった陽光は海の中を煌々と照らす。1日で最も眩しい時間帯となった。水面のゆれにあわせるかのように、陽光も乱反射する。三葉虫たちは、思わず動きを止める。彼らの弱点ともいえるかもしれない。彼ら三葉虫の眼に「目蓋（まぶた）」はなく、彼らは光量を調整する術をもっていない。

ただし、エルベノチレだけは、自身の視界を

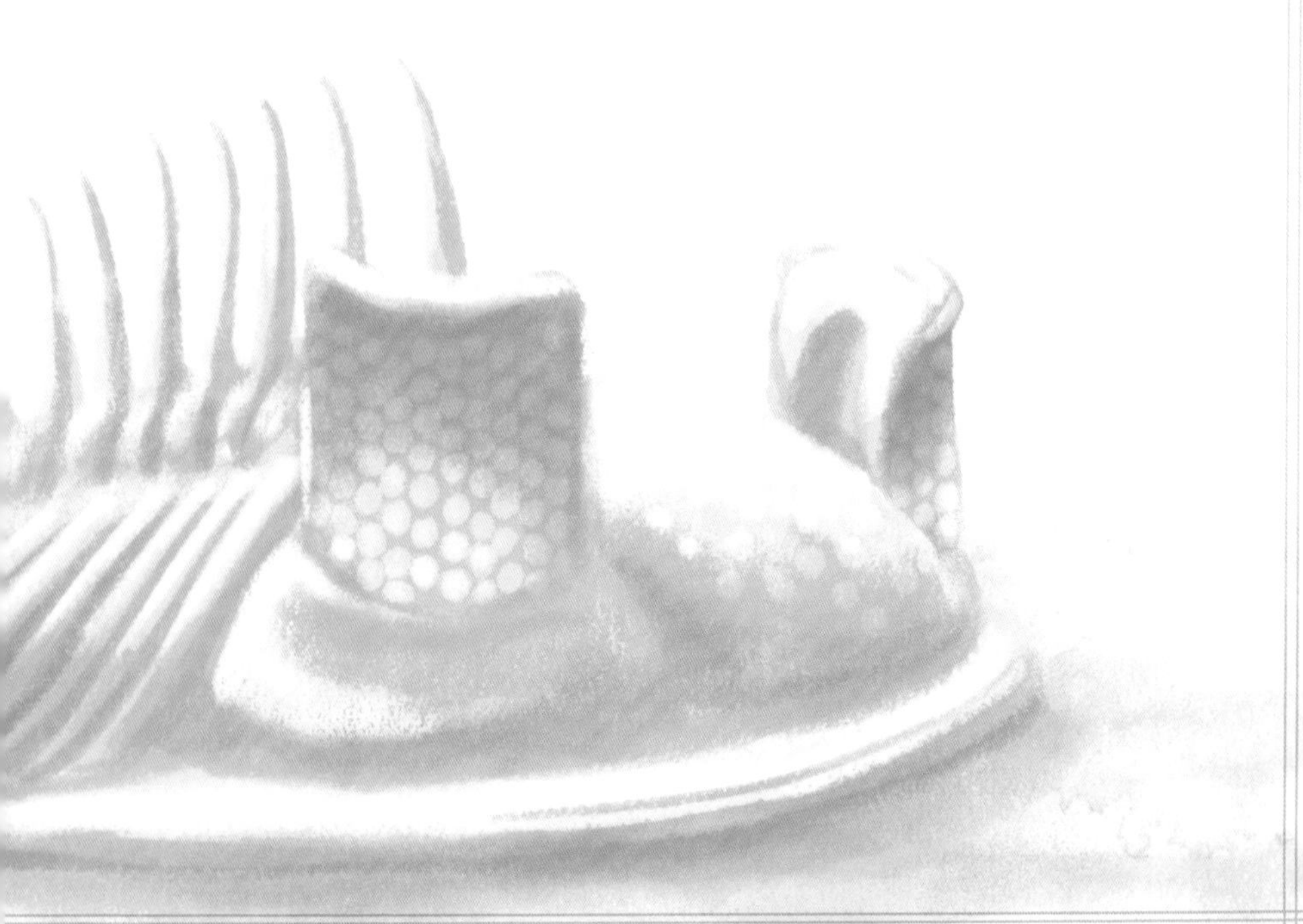

確保していた。〝ツイン・複眼タワー〟の最上部がわずかに外側に向かって突出し、庇（ひさし）のようになっているのだ。この〝庇〟のおかげで、複眼の大部分を影とすることができる。1日の大半の時間では必要のないつくりだけれども、最も眩しいこの時間帯にエルベノチレは視界を確保することができた。

ふと、エルベノチレのその視界の片隅に、ゆらりと動く影が捉えられた。エルベノチレの後方だ。

まだ距離はあるけれども、エルベノチレはその影の形状を正確に把握していた。「顎（あご）をもつ捕食者」だ。

ついにこの海域にやってきた。

捕食者は、この眩しさのなかでも景色を把握する術をもっているのだろう。ゆっくりと、しかし、確実にこちらへやってくる。

エルベノチレは、捕食者が来る方向とは逆方向へと移動を開始した。隠れる場所のない海域だけれども、とにかく距離をとることが大切だ。

やがてやってきた捕食者は、眩しさに視界を奪われて動けない三葉虫を2〜3匹啄（ついば）むと、海中に響く不快な音を立てながら砕いていく。

破片が下へと落ち、泥が舞う。

その音か、あるいは、水の流れで捕食者の接近を察知した他の三葉虫たちが、一斉に動き始める。ただし、どの方向へ逃げれば良いのかわからない。眩しすぎるのだ。

そんな三葉虫たちの戸惑いを嘲笑うかのように、捕食者はさらに2〜3匹攫（さら）っていく。

エルベノチレは、その惨劇の場から離れようと、移動速度を上げていった。

Commentary

縦に並んだ複眼

多くの動物において、「眼」は軟らかい組織でできています。そのため、化石に残りにくく、化石から「視界」や「視覚」に迫ることは、かなり難しいとされています。

しかし、何事にも例外があります。三葉虫類は、まさにこの「例外」といえるでしょう。三葉虫類の眼は、殻と同じ炭酸カルシウムでできているため、殻とともに化石に残っているのです。

そもそも「三葉虫類」というグループは、1万5000を超える種が属している巨大な分類群です。アンフィクス（54〜57ページ）のように、進化によって眼を失ったとされる種以外はみな、眼をもっています。その眼は、小さなレンズが並ぶ「複眼」です。

三葉虫類のなかには、複眼をつくるレンズがとても小さくて、ヒトの肉眼で確認することが困難なものもいます。一方で、複眼をつくるレンズがとても大きくて、ヒトの肉眼でもその数を数えられるものもいます。

この〝大きなレンズの複眼〟をもつ三葉虫類は、とくに「ファコプス類」と呼ばれるグループに属しています。このグループは、古生代オルドビス紀から歴史が始まり、デボン紀になって大

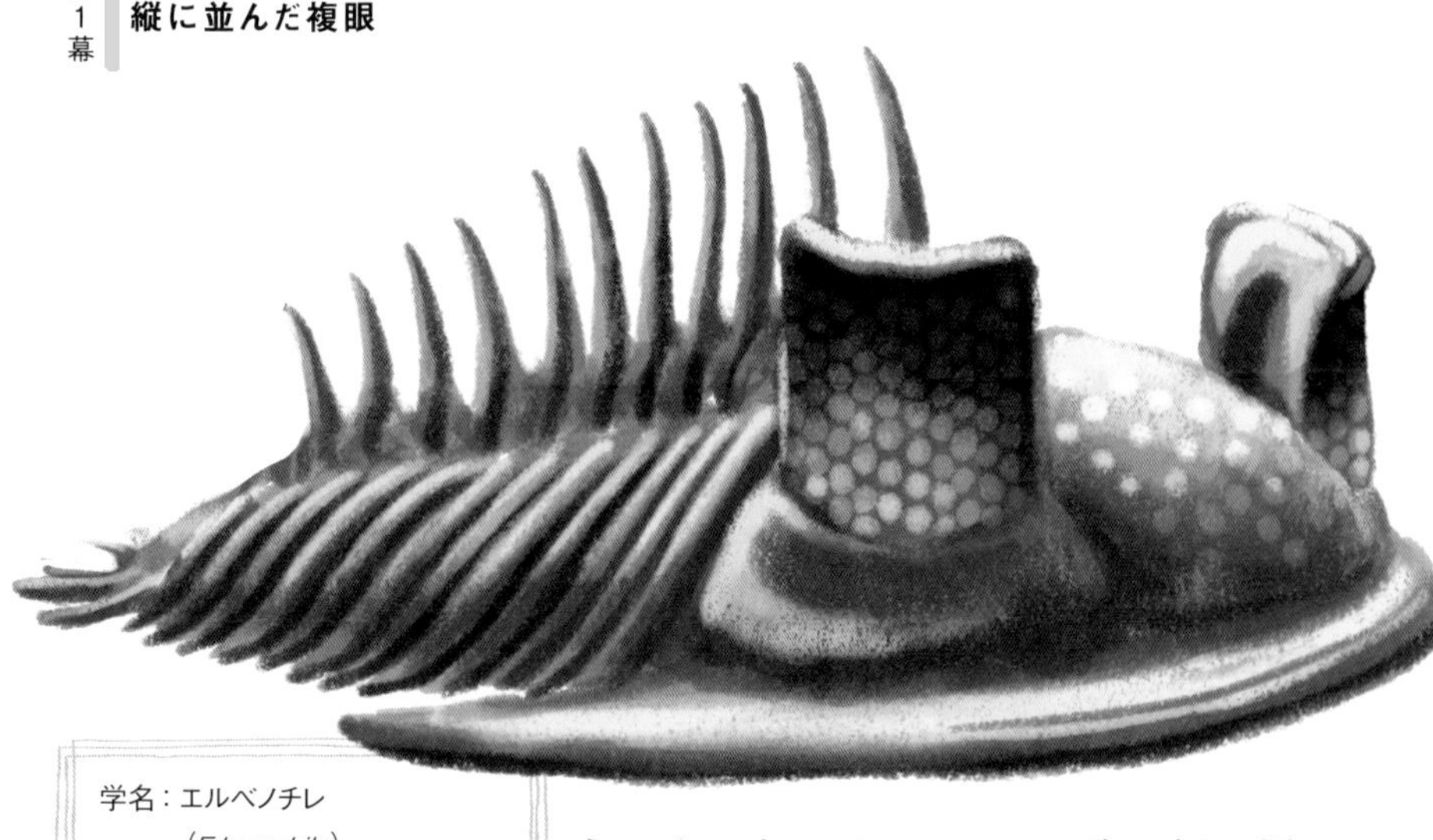

学名：エルベノチレ
（*Erbenochile*）
化石産地：モロッコ
サイズ：5〜6cm
主な参考論文：
Fortey and Chatterton(2003)

いに栄えました。デボン紀は、ファコプス類を中心とした三葉虫類が、徒花のように多様性を広げた時代です。その後、デボン紀の次の石炭紀になると、ファコプス類を含む多くの三葉虫類が姿を消し、三葉虫類の〝命脈〟は細々と残るのみとなります。

今回の物語の主人公である「エルベノチレ（*Erbenochile*）」も、ファコプス類の一員です。その全長は10センチメートルに満たない小さなものですが、これはデボン紀の三葉虫類にはよくみられるサイズ。最大の特徴は、レンズが縦に高く積み重なっているということです。

三葉虫類の眼をつくるレンズを調べると、そのレンズがどの方向を向いていたのかがわかります。レンズの向いている方向がわかれば、その三葉虫類の視界がどちらに広がっていたのかがわかります。エルベノチレの複眼の場合、多くの三葉虫類がそうであるように、横方向に視界が広がっていたことがわかっています。横方向に広い視界が縦に積み重なる。しかも、そのレンズは左の複眼では左側のほぼ180度、右の複眼では、右側のほぼ180度をカバーしていることがわかっています。つまり、エルベノチレの視界は前後左右上下の全方向に広かったのです。ちなみに、エルベノチレを含むファコプス類のレンズはかなり高性能で、レンズが球面であることで発生する〝光のゆがみ〟も、レンズの中で補正できたようです。

2003年、大英自然史博物館のリチャード・フォーティさんと、アルバータ大学（カナダ）のブライアン・チャタートンさんは、エルベノチレの複眼に着目した研究を発表しました。

エルベノチレのレンズは、他のファコプス類と同じように大きな半球状です。「半球」ということは、レンズがあらゆる方向からの光を大なり小なり拾ってしまうことを意味しています。エルベノチレは、そんなレンズが18段も重なっています。そして、私たちヒトの眼とは異なり、三葉虫類の眼には「目蓋（まぶた）」がありません。

つまり、水中に光が入ってきたとき、その光の眩しさを直接受けてしまう危険性がエルベノチレにありました。

フォーティさんとチャタートンさんが注目したのは、エルベノチレの〝複眼タワー〟の最上部です。最上部（「上端」と書くべきかもしれません）はわずかに外に突出しているのです。

フォーティさんとチャタートンさんがエルベノチレに真上から光を当てたところ、このわずかな突出部が「庇(ひさし)」となって、〝複眼タワー〟にしっかりと影を落とすことがわかりました。

つまり、エルベノチレは、他の三葉虫類が眩しいと感じている海の中でも、しっかりと自分の視界を確保できたようなのです。このことは逆に、エルベノチレは、陽の光が届くような浅い海底を生息域とし、そして昼行性(ちゅうこうせい)だったことを示唆しています。陽の光が届かないような深い海では、「庇」は必要ありませんし、それは夜でも同じことです。

そして、視界が縦に広いということは、より遠方まで景色を見渡すことができる、ということでもあります。

エルベノチレは、遠くで動く物体を、より早く、正確に察知できた可能性があります。

ちなみに、「デボン紀」は、顎(あご)のあるサカナがおおいに繁栄し、海洋生態系の頂点に君臨するようになった時代です。物語の「顎のある大きな動物」とは「顎のあるサカナ」のこと。顎のあるサカナは、デボン紀の前の時代であるシルル紀に初めてメートル級が登場し、デボン紀になると大繁栄していました。エルベノチレをはじめとして、デボン紀の多くの三葉虫はトゲなどで武装していましたが、その武装ごと噛み砕くことができるような、そんなサカナもたくさんいました。そのなかで、「いちはやく察知できる」というエルベノチレの複眼は、とても役にたったことでしょう。……という推測にもとづいて、今回の物語を綴りました。

Story

三葉虫のさまざまな生き様

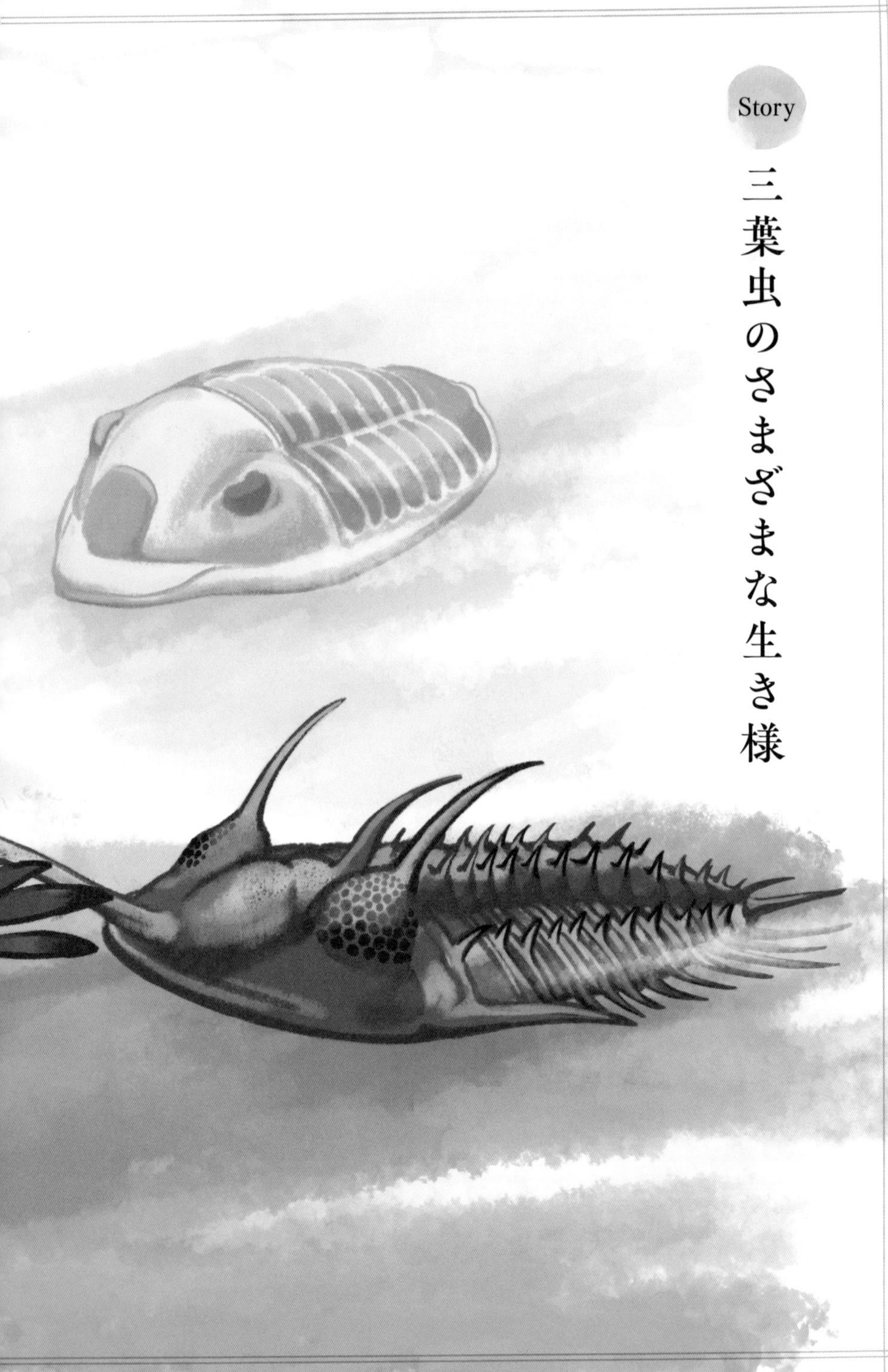

その三葉虫類は、全体的にツルッとしている。とくに頭部と尾部は、〝ツルッルさ〟が顕著だ。頭部は三角形に近い形状で、小さな眼がふたつ、高い位置にちょこんとついている。胸部は他の三葉虫類と同じように節構造がある。

名前を「イソテルス」という。イソテルスは、海底を掘るように歩く。

あくまでも「掘るように」であって、掘っているのではない。その証拠に、海底に潜っていくようすはない。からだの下にある多数のあしで、海底の泥をえぐりながら進むのだ。

……と、イソテルスがふいに立ち止まった。

よく見ると、もぞもぞと上下に動いている。

実は、このとき、イソテルスのあしは、ミミズのような形状の動物を捕らえていた。そして、巧みにそのあしを動かして、頭部の底に後ろから押し込んでいく。

どうやら頭部の底に口があるらしい。

それにしても、眼はちょこんと上についているだけで、どうやって、ミミズ状動物をとらえたのだろう？　謎である。

時代も場所も変わる。

この海底には「ハルペス」がいた。

ハルペスの姿は、イソテルスとかなり異なる。

まず、頭部。まるで帽子のような形状だ。中央部が高く膨らみ、小さな眼がその膨らみの高い場所に位置している。そして、その頭部の縁が薄く広く、帽子の鍔（つば）のように伸びる。〝鍔〟の部分には、無数の細かな孔（あな）がある。帽子と異なるのは、鍔は前方だけではなく、側方、そして、その後方にも伸びているという点だろう。節の並ぶ胸部と尾部は、その側後方に伸びる鍔にすっぽりと隠れ、真横から見ると、胸部も尾部も確認することができない。

そんなハルペスを見ていると、ハルペスを中心に泥煙が立ち始めた。もわっと、ハルペスのまわりだけ泥が舞う。

何をしているのだろう？

よく見ると、ハルペスは自分のあしをシャカシャカとその場で激しく動かしているようだ。そうして、泥を水と混ぜると、あしを前後に動かして、鍔の方向へ泥水を送り込んでいる。すると、泥のまわりについている有機物以外は、鍔の孔を抜けて外へと排水されていく。鍔の下には、〝純度の高い有機物〟がたまる、という寸法だ。

やがて、ハルペスのまわりの泥煙が落ち着いた。しかし、ハルペスはまだその場にいるようだ。このとき、ハルペスは自分の下にたまった〝純度の高い有機物〟をゆっくりと食していた。

ある場所では、2匹の「ワリセロプス」が、向かい合っていた。

ワリセロプスの特徴は、頭部の先端から伸びる〝フォーク〟だ。まっすぐ伸びた軸の先は、フォークのように分かれている。

1匹の〝フォーク〟は、先端が三叉だ。もう1匹の〝フォーク〟は、先端が四叉になっている。

向いあう2匹のワリセロプスは、互いの〝フォーク〟を誇示するように見せ合い、そして、その〝フォーク〟をぶつけ合っている。

やがて、1匹がすごすごと、その場を離れていった。

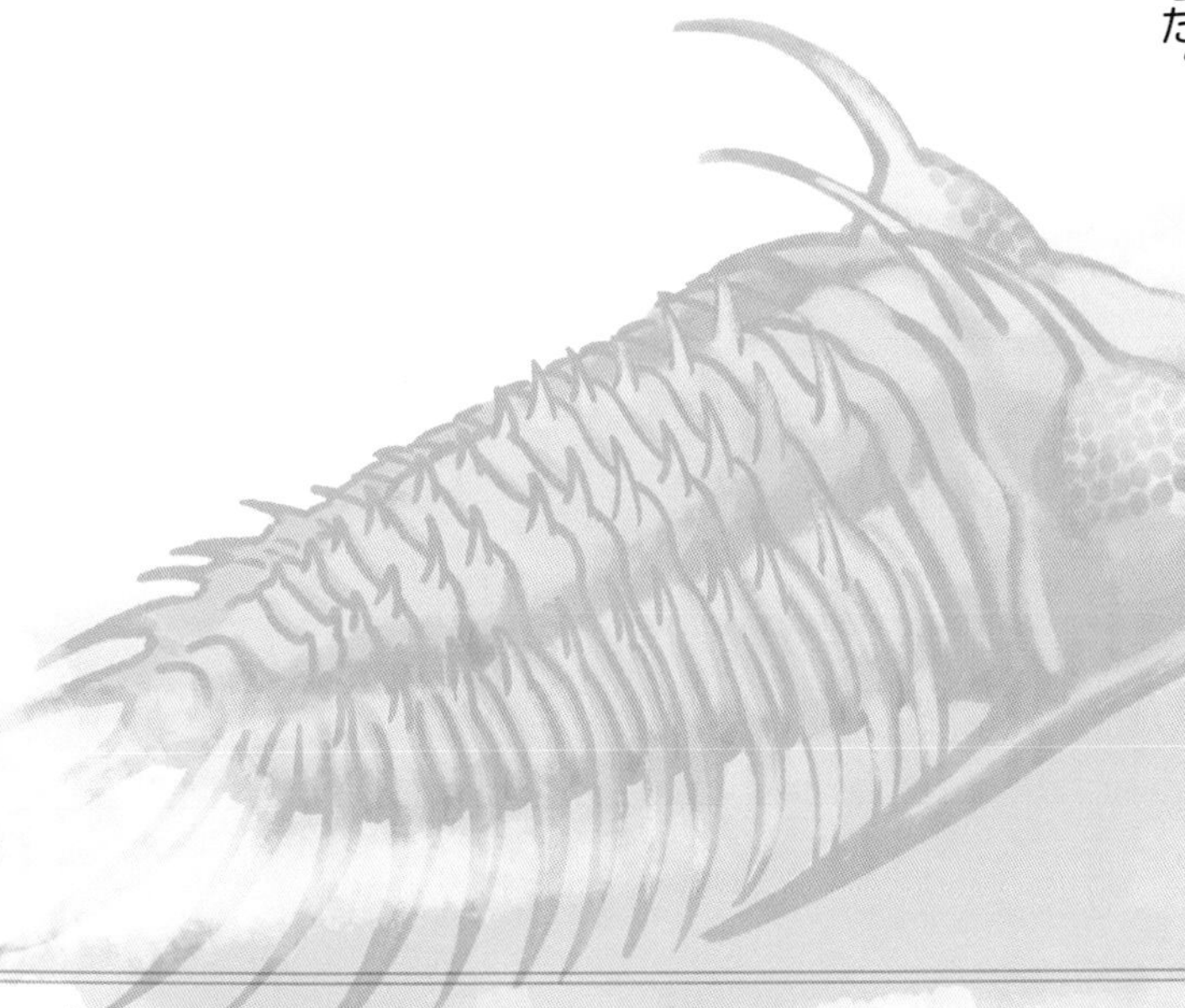

多様な形が物語る

1万5000種を超す三葉虫類は、その殻が化石としてよく残っています。また、ごく一部ですが、内臓などの軟らかい組織が確認できる化石も、あしや鰓（えら）が残った化石もあります。殻の形状と、そうした軟組織などを分析することで、三葉虫類がどのように生きていたのかを知る推理がおこなわれています。

今回の物語では、3種類の三葉虫類の生態を紹介しました。これもまた、ある意味で、三葉虫類の〝見た景色〟といえるでしょう。

最初に紹介した「イソテルス（*Isotelus*）」は、古生代オルドビス紀に栄えた三葉虫類です。その化石はアメリカやカナダをはじめ、ロシアや中国など世界中でたくさん見つかっています。「イソテルス」の名前（属名）をもつ種は多く、そうした種のなかには全長70センチメートルという超大型種も報告されています。大小さまざまな種がいますが、基本的な姿は物語で触れた通りです。つまり、全体的にツルッとしていて、とくに頭部と尾部は〝ツルツルさ〟が顕著。頭部は三角形、高い位置に小さな眼がふたつ、です。

大英自然史博物館のR・フォーティさんは、2014年に三葉虫類の生態をまとめた論文を発表しています。

フォーティさんによると、イソテルスは「捕食者」あるいは「腐肉食者」とのこと。

すべての三葉虫類は、頭部に内臓が集中していました。腸のような消化器官は、頭部の殻の下に詰まっているのです。そして、その頭部の底には「ハイポストマ」と呼ばれる硬い板があります。これは、「三葉虫の唇」ともいわれており、三葉虫の口を保護するものとされています。

イソテルスの三角形の頭部は、実は他の三葉虫類と比べると、全身に占める割合がかなり広いのです。この本では、既にアンフィクスやエルベノチレなどの三葉虫類が登場しました。ぜひ、パラパラっとページをめくって、そうした三葉虫類と比べてみてください。イソテルスの頭部が広いことがわかると思います。

内臓が集中している頭部が大きい。……ということは、つまり、内臓も大きかった可能性があります。イソテルスのような三葉虫は、消化能力の高い〝大食漢〟だったのかもしれません。

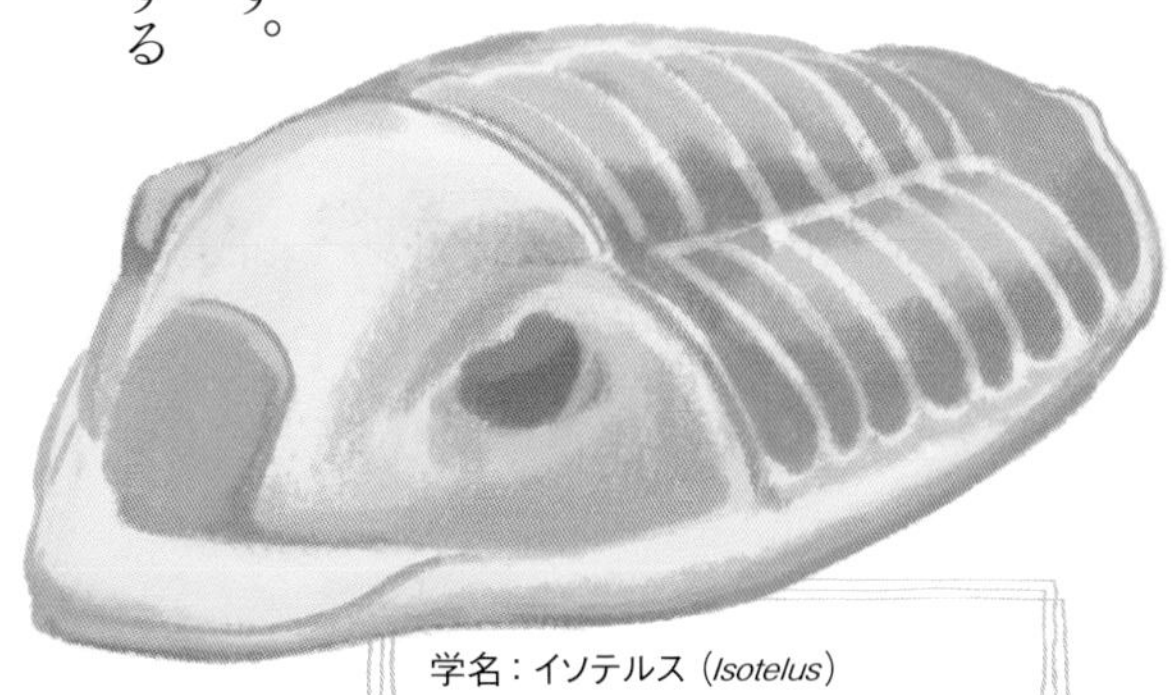

学名：イソテルス（*Isotelus*）
化石産地：アメリカ，カナダほか
サイズ：70cm（※種により大きく異なる）
主な参考論文：Forty（2014）

また、イソテルスのハイポストマは、幅が広く、後ろに向かってフォークのように尖っていました。フォーティさんは、この幅広のハイポストマに向かって、あしで獲物の肉を押し込んでいたのではないか、と指摘しています。その後、ゆっくりと獲物を食べていたのかもしれません。

2番目に紹介した「ハルペス（*Harpes*）」は、デボン紀に栄えた三葉虫類です。鍔（つば）が広がった帽子のような姿をしています。胸部と尾部は小さく、その意味では、イソテルスと同じように「大きな内臓」をもっていたのかもしれません。ただし、イソテルスとはちがって、「ハルペス」の名前（属名）をもつ種にも、その近縁種にも、大型種は確認されていません。ハルペスは、基本的にみなさんの手の平に乗るようなコンパクトなサイズです。

ハルペスは、ハイポストマも独特です。イソテルスのように大きなものではなく、がっしりとしたものでもありませんでした。化石に残っていないことも多く、実質的に〝無視〟できるような小さなサイズです。イソテルスのように、獲物の肉を押しつけることなど、とてもできません。

そこで、物語のように「有機物の混ざった泥水」を〝鍔〟に押

学名：ハルペス（*Harpes*）
化石産地：チェコ，モロッコほか
サイズ：10cm未満
主な参考論文：Forty（2014）

し付けて泥水と有機物を分離し、その有機物だけをハイポストマを上下に稼働させることで食べていた可能性をフォーティさんは指摘しています。

3番目に紹介した「ワリセロプス（*Walliserops*）」は、エルベノチレ（64〜67ページ）の仲間です。頭部は大きくなく、小さくもなく、ハルペスのような〝鍔〟もありません。物語でも触れたように、最大の特徴は、頭部の先端から伸びる〝フォーク〟のような構造です。

基本的に、ワリセロプスの〝フォーク〟は、先端が三叉になっています。この〝フォーク〟の使い道は、長い間の謎でした。かねてより、「カブトムシのように雌をめぐる種内の闘争に使っていたのではないか」との見方もありましたが、今ひとつ、手がかりにかけていました。種内闘争ではなく、食事の際に獲物に刺していたのかもしれませんし、あるいは、天敵に襲われたときに、身を守る武器として使っていたのかもしれません。

2023年になって、ブルームズバーグ・ユニバーシティ・オブ・ペンシルベニア（アメリカ）のアラン・D・ギシュリックさんとフォーティさんが、「四叉のフォーク」をもつワリセロプスを報告しました。

三叉ではなく、四叉。

つまり、〝フォーク〟の先端がひとつ多いのです。これを、ギシュリックさんとフォーティさんは、

「奇形」とみなしています。

注目されたのは、そんな「奇形」でも、成体にまで成長し、化石として残ったということです。つまり、「奇形であっても、生きていく上では問題なかった」と考えることができます。

もしも、〝フォーク〟を食事に使う場合、「三叉」が最適ならば、「四叉」は不都合が生じるかもしれません。……であるならば、〝四叉〟が成体にまで育った以上、「三叉が最適」とはいえず、そもそも〝フォーク〟は、食事用ではなかった、と考えられます。

もしも、〝フォーク〟を防御に使う場合、「三叉」が最適ならば、「四叉」は不都合が生じるかもしれません。……であるならば、そもそも〝フォーク〟は、防御用ではなかった、と考えられます。もっとも成体まで生き残っているので防御にはまったく用いられなかった、というわけではないかもしれません。いずれにしろ「防御専用」ではなかった可能性が高いといえるでしょう。

そこで、ギシュリックさんとフォーティさんは、〝フォーク〟は食事や防御などの〝生きていくために必要な構造〟ではないと考え、かねてより提

学名：ワリセロプス（*Walliserops*）
化石産地：モロッコ
サイズ：10cm未満
主な参考論文：
Gishlick and Forty（2023）

唱されていた「異性へのアピールの道具」ではないか、と指摘しました。

種内に使う場合でも、「三叉」が最適ならば、「四叉」は不都合が生じるかもしれません。しかし、この場合の「不都合」とは「子孫を残すため」に対してのもの。その個体が、「生きていくため」のものではないのです。

物語は、さらに発想を転がして、カブトムシのように直接的な戦いではなく、誇示することでの戦いで綴ってみました。直接戦闘でなければ、傷つく可能性も減り、より「生きやすく」なった可能性があります。

このように、三葉虫たちは、それぞれの形に応じた、それぞれの〝人生〟を生きていたと考えられています。

狩るのはいつか？

澄んだ水域だ。

燦々と輝く太陽の光が、その水域を照らす。

明るい水域を1匹の節足動物が泳いでいる。

どことなくサソリに似た姿。しかし、よく見るとちがう。頭胸部の底には大小6対12本のあしがあり、このうちの5対10本のあしが頭胸部の外へ突出している。とくに後方の2対は長い。

最後方の1対の先端は薄く広がっている。まるで、櫂(かい)のような形状だ。この櫂のようなあしで上手に角度を調整しながら、からだを上下にくねらせて泳いでいる。そして、腹部の後端は、鋭く剣状に尖る。

名前を「ユーリプテルス」という。

ユーリプテルスは、深くはない、でも、浅すぎないという絶妙な深度をそれなりの高速で泳ぐ。

前方を移動する小魚の群れを見つけた。

ユーリプテルスは加速する。からだを上下にくねらせて、スピードを上げる。

小魚の群れは、ユーリプテルスから逃げようとするも、どの群れにも〝脱落者〟はいるものだ。動きの鈍い小魚が、移動する群れから遅れていく。ユーリプテルスはその小魚の上に覆いかぶさるように襲いかかる。あしでしっかりと捕獲すると、柔軟にからだを曲げて、後端の剣を突き刺した。

別の海域では、ユーリプテルスと同じグループの、でも、ユーリプテスよりも大きな節足動物が悠然と泳いでいた。

名前は「プテリゴトゥス」だ。

ユーリプテルスと異なり、眼は頭胸部において広い面積を占め、頭胸部の底からは6対のあしが突出している。最先頭のあしは、太く前方に伸び、その先端は大きなハサミとなっている。最後方の1対は、ユーリプテルスのそれよりも〝強力な櫂〟となっている。腹部の後端はユーリプテルスのような剣状ではなく、扇のように広がっている。その扇の中軸部には垂直に立つ板

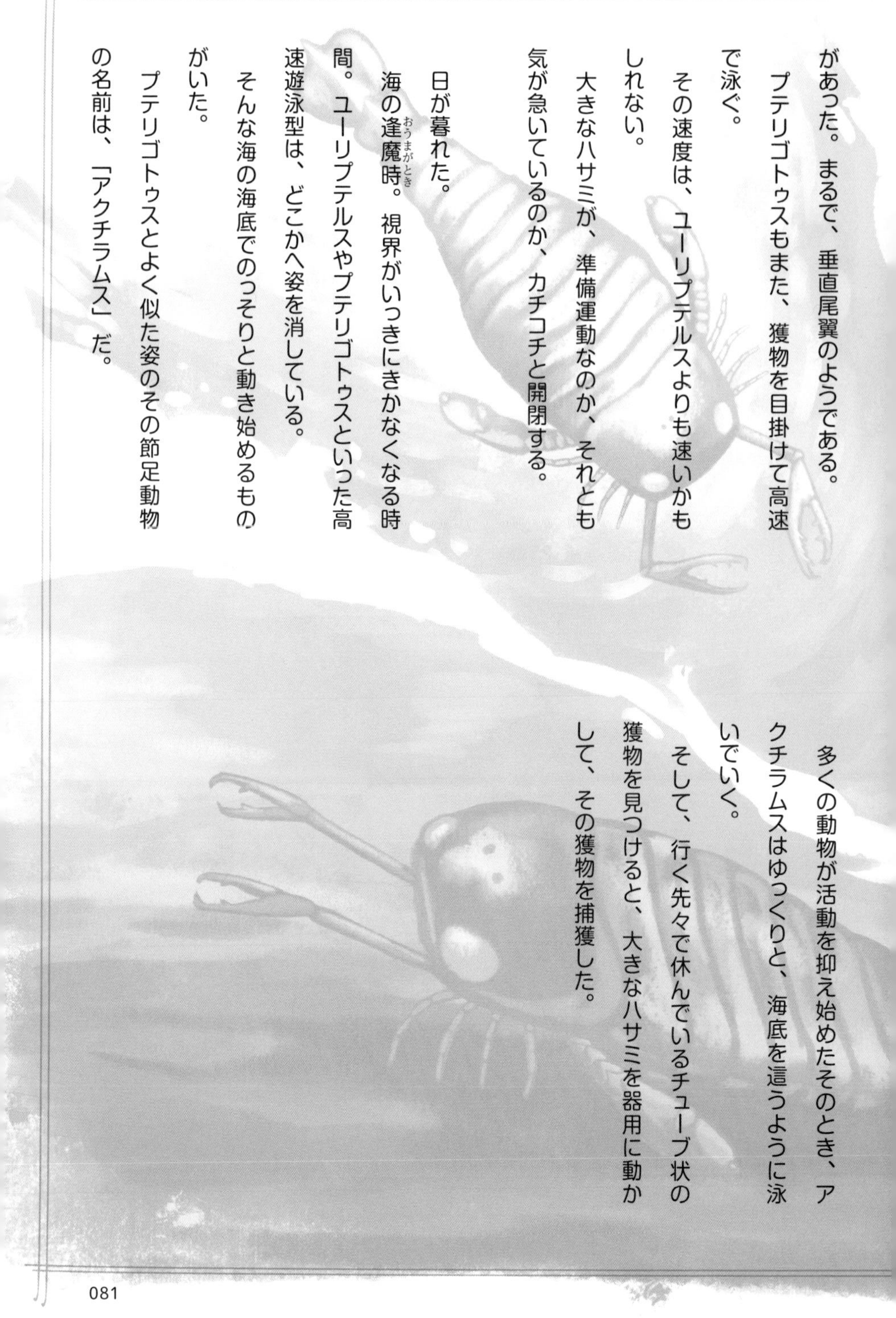

があった。まるで、垂直尾翼のようである。

プテリゴトゥスもまた、獲物を目掛けて高速で泳ぐ。

その速度は、ユーリプテルスよりも速いかもしれない。

大きなハサミが、準備運動なのか、それとも気が急いているのか、カチコチと開閉する。

日が暮れた。

海の逢魔時。視界がいっきにきかなくなる時間。ユーリプテルスやプテリゴトゥスといった高速遊泳型は、どこかへ姿を消している。

そんな海の海底でのっそりと動き始めるものがいた。

プテリゴトゥスとよく似た姿のその節足動物の名前は、「アクチラムス」だ。

多くの動物が活動を抑え始めたそのとき、アクチラムスはゆっくりと、海底を這うように泳いでいく。

そして、行く先々で休んでいるチューブ状の獲物を見つけると、大きなハサミを器用に動かして、その獲物を捕獲した。

さまざまな複眼のウミサソリ類

物語に登場した節足動物は、いずれも「ウミサソリ類」というグループに属しています。この名前が示すように、ウミサソリ類はサソリ類に似ています。しかし、両者は近縁ではあるものの別のグループです。古生代オルドビス紀に登場し、とくにシルル紀に繁栄したものの、顎（あご）をもつサカナの台頭にあわせるかのように衰退し、絶滅しました。

ウミサソリ類として、これまでに250ほどの種が報告されています。種によって、からだの大きさや形、あしの形、腹部の後端にある「尾剣（びけん）」の形状などが異なります。

すべてのウミサソリ類の眼は、細かなレンズが集まってできた複眼です。イェール大学（アメリカ）のロス・Ｐ・アンダーソンさんたちは２０１４年に、イェール大学のヴィクトリア・Ｅ・マッコイさんたちは２０１５年に、それぞれウミサソリ類の複眼を詳細に分析した論文を発表しました。今回の物語は、アンダーソンさんたちとマッコイさんたちのこれらの論文をベースとしています。

ユーリプテルスは、学名を「*Eurypterus*」と綴ります。この名前（属名）をもつ種はたくさん報告されています。アンダーソンさんたちの論文とマッコイさんたちの論文では、こうした種の特定まではされていません。

ユーリプテルスの大きさは、全長10～20センチメートルほどです。6対あるあしのうち、第1のあしは、頭胸部の底にある口のそばに位置していて、ユーリプテルスを背中側からみたときには、その「第1のあし」を見ることはできません。第6のあしは、その先端が櫂（かい）のように平たくなっています。その他のあしは、「第6のあし」以外は、細くて短いという特徴があります。尾剣は、物語でも触れたように〝西洋の剣〟のような形状をしていますが、実はよく見ると、その両サイドに細かなギザギザが発達していました。物語では、この尾剣を武器として使っています。実際に、他種では「武器として使ったのではないか」という化石と論文が発表されていますが、ユーリプテルスに関しては、何か証拠があるわけではありません。

ユーリプテルスの眼は、頭部の中ほどにちょこんと位置した小さなもの。三日月のような形で、体の側方に弧を描いています。アンダーソンさんたちの論文によると、その小さな複眼には、約4700個もの小さなレンズが並んでいました。

学名：ユーリプテルス（*Eurypterus*）
化石産地：アメリカ，カナダほか
サイズ：10～20cm
主な参考論文：
Anderson *et al.*（2014），
McCoy *et al.*（2015）

アノマロカリスの物語などで触れたように、複眼のレンズの数は、デジタルカメラでいうところの「解像度」と関係します。レンズが多ければ多いほど、はっきりと景色を捉えることができますし、高速で動く物体も捕捉できます。これは、狩人として大事な能力です。ユーリプテスの「約4700個」という数はなかなかの多さです。そして、この多さを活用するためには、一定以上、周囲の環境が明るい必要があります。せっかくのたくさんのレンズも、暗い場所ではその能力を十分に発揮できないためです。こうした点に注目し、アンダーソンさんたちは、ユーリプテルスを「明るい海で泳ぐ狩人」と位置づけています。

マッコイさんたちが分析したプテリゴトゥスは、正確には「プテリゴトゥス・アングリカス（*Pterygotus anglicus*）」という種です。プテリゴトゥス・アングリカスは、ユーリプテルスよりもかなり大きなからだをもっていました。あしの数は、ユーリプテルスと同じように6対12本ですが、「第1のあし」が大きく、長く発達し、その先端がハサミのようになっている点がユーリプテルスとの大きなちがいです。また、尾剣をもたず、そのか

学名：プテリゴトゥス・アングリカス
（*Pterygotus anglicus*）
化石産地：アメリカ
サイズ：1m超
主な参考論文：McCoy *et al.*（2015）

わり飛行機の垂直尾翼のような構造を備えていました。この垂直尾翼のような構造は、水中でからだを安定させることに役立っていたとみられています。

ちょこんと小さな複眼だったユーリプテルスとは異なり、プテリゴトゥス・アングリカスの複眼は頭胸部において広い面積を占め、位置も頭部の前縁近くにありました。マッコイさんたちの論文によると、その複眼には約4300個のレンズが並んでいたそうです。ユーリプテルスほどではありませんが、匹敵する数といえるでしょう。

マッコイさんたちは、プテリゴトゥス・アングリカスも活発に動き回る狩人だったと考えています。そして、大きなハサミに代表される特徴を考慮して、ユーリプテルスよりも優れた捕食者だったことも示唆しています。

アンダーソンさんたちの論文とマッコイさんたちの論文の両方で分析対象となったウミサソリ類が、「アクチラムス・クンミンゲシ（*Acutiramus cummingsi*）」です。大きさは、ユーリプテルスよりやや大きい程度です。

物語でも触れたように、アクチラムス・クンミンゲシの姿は、プテリゴトゥス・アングリカスとよく似ています。しかし、複眼をつくるレンズの数はプテリゴトゥス・アングリカスよりもずっと少なくて、約1400個ほどしかありませんでした。アンダーソンさんたちは、アクチラムス・クンミンゲシは、プテリゴトゥス・アングリカスのような活発な捕食者ではなく、薄暗い、あるい

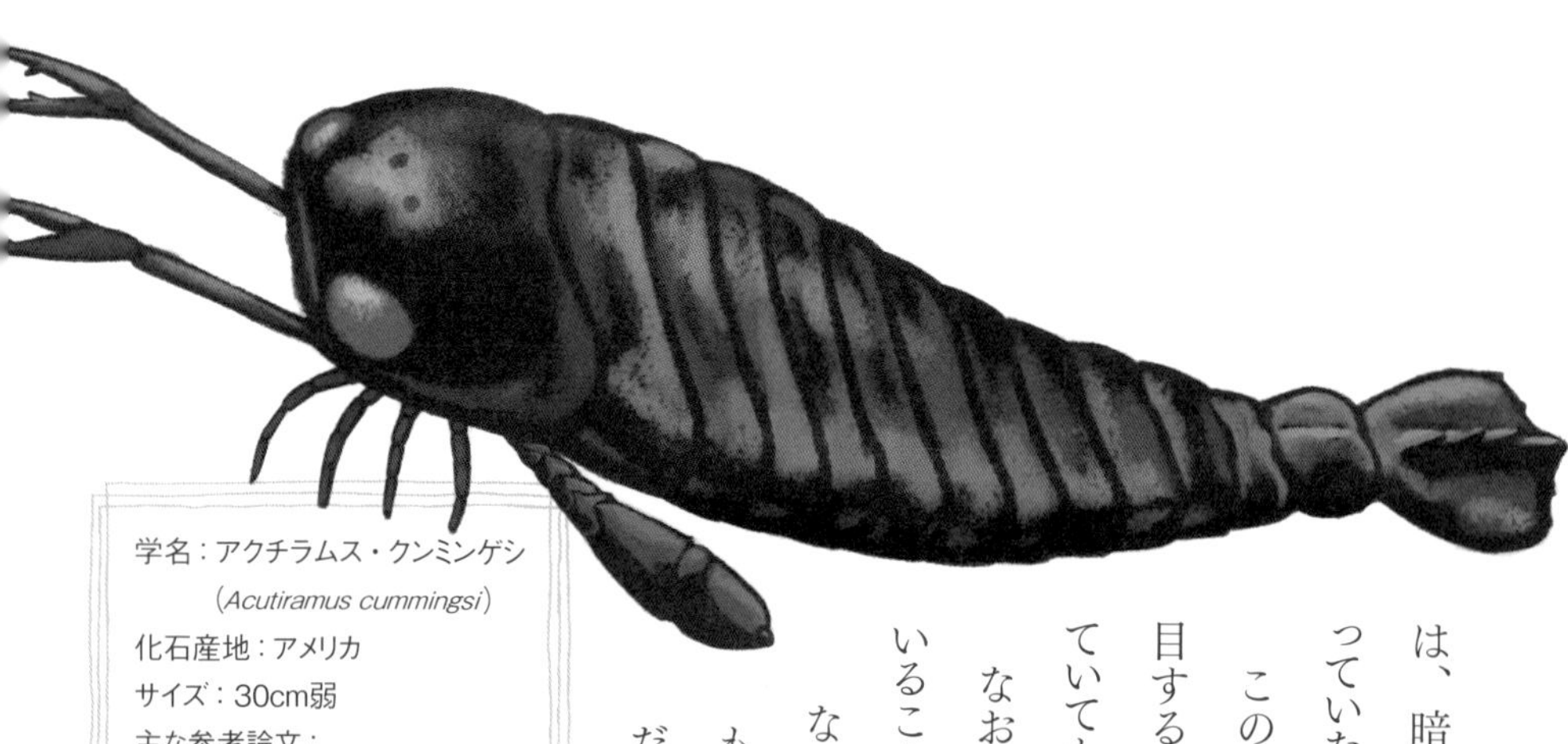

学名：アクチラムス・クンミンゲシ
（*Acutiramus cummingsi*）
化石産地：アメリカ
サイズ：30cm弱
主な参考論文：
Anderson *et al.*（2014），
McCoy *et al.*（2015）

は、暗い海底で、やわらかい獲物を待ち伏せするか、あるいは、その死骸を漁っていたのではないか、と指摘しています。

このように、ひと括りに「ウミサソリ類」とはいっても、視覚（複眼）に注目することで、さまざまな生態があったことがわかります。似たような姿をしていても、彼らが見ている（見えていた）景色は別のものなのです。

なお、プテリゴトゥス・アングリカスとアクチラムス・クンミンゲシの姿が似ていることから、両種は近縁とみられています。そして、ユーリプテルスは原始的なウミサソリ類とされています。マッコイさんたちは、ウミサソリ類はもともとユーリプテルスやプテリゴトゥス・アングリカスのような活発な捕食者だったものが、進化にともなってアクチラムス・クンミンゲシのような生態をもつものも生まれたのではないか、と指摘しています。

Column

いろいろなウミサソリ

多様な種類、多様な生態 大繁栄したウミサソリ類

ウミサソリ類は、約250種が報告されているグループです。種によって、サイズがちがっていたり、あしの形がちがっていたり、尾部先端の形がちがっていたりします。

今のところ、最古のウミサソリ類は古生代オルドビス紀の種ですが、そのウミサソリ類はすでに“ウミサソリ類の特徴”をはっきりと備えていたため、“ウミサソリ類の特徴が未発達のウミサソリ類”が、もっと古い時代にいたと考えられています。

その後、多様なウミサソリ類が出現し、多様な生態で繁栄することになるのです。

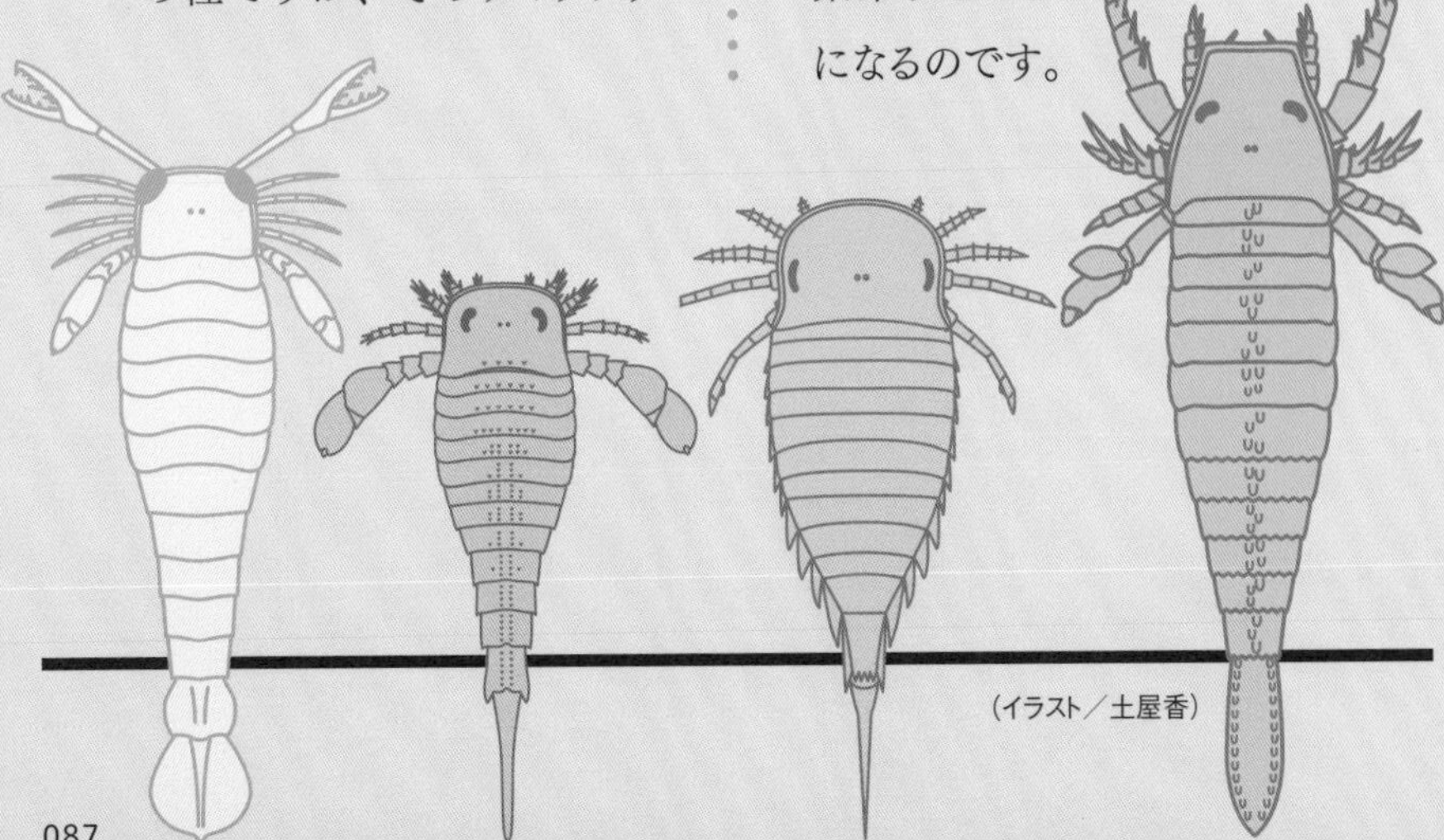

（イラスト／土屋香）

大きな眼の〝暗殺者〟

そのヴォウルテリョンたちは、まだ若かった。

人間の言葉で言うならば、その形状は、「ロブスター」といえるのかもしれない。有り体にいえば、「大型のエビ」だ。もっとも、「ロブスター」という言葉から想像できるほど大きくはない。

今、この海底に潜む彼らはまだ成長途上。幼生をちょっとだけ大きくしたような、そんな愛らしいサイズだ。ヴォウルテリョンは深海で生まれたのち、より餌が豊富な浅海域にやってきた。

陽光が海底に届くようになって、しばらくの時間が経過している。ヴォウルテリョンたちは数匹単位で行動し、先ほどまで、食事に夢中になっていた。満腹となり、今は、海底の窪みに身を潜めて休んでいる。

けっして気を緩めていたわけではない。世界は戦場だ。気の緩みが死に直結することも少なくない。

緩めていたわけではないのだが、海底に這うようにして静かに接近し、そして、ヴォウルテリョンたちが潜む窪みの近くで急浮上をかけるその存在に気づかなかった。

こちらを見据える大きな複眼。ふたつの複眼が密接し、まるでひとつの大きな眼のように見える。

表情を読み取れないその大きな複眼が、窪みの外に見えた。

次の瞬間、多数の鋭いあしが窪みに侵入してくる。

場は、恐慌の二文字に支配された。

いったい、あの「複眼の化け物」は何なのだ？

さっそく1匹の仲間が、そのあしに捕らえられ、そして、喰われた。

ヴォウルテリョンたちは、逃走に移る。仲間の死を悼む余裕はない。むしろ、仲間が喰われている間に自分たちがどれだけ逃げられるのかが、勝負となる。

それにしても、先ほどまで、この海底は平和だったはず。「複眼の化け物」はいったいどこからやってきたというのだろうか？

ヴォウルテリョンたちの選択肢はふたつ。このまま泳ぎ続けるか、それとも新たな窪みに身を潜めるか。

多くのヴォウルテリョンが後者を選んだ。まだ彼らには、長距離を移動できる体力はない。

適当な窪み……先ほどよりも深い窪みに身を潜める。

息を殺し、「複眼の化け物」の動向に注視する。こちらからは、その動きを見ることはできないけれども、それは同時に、「複眼の化け物」もこちらを捉えられないことを意味している。

……はずだった。

すっと、窪みの入り口を複眼が覆う。

あとは、繰り返しだった。少しくらいの深い窪みではダメだ。「複眼の化け物」のあしは思いのほか長く、窪みの奥で硬直するヴォウルテリョンに十分届く。

サクッと。

そのあしの先がヴォウルテリョンに刺さった。

Commentary

謎の動物も、複眼からわかる

この物語には、２種類の古生物が登場しました。「ヴォウルテリョン」と「複眼の化け物」です。〝狩られる側〟と、〝狩る側〟。まずは、〝狩られる側〟のヴォウルテリョンから情報を開示していきましょう。

ヴォウルテリョンは、学名を「*Voulteryon*」と綴ります。ヴォウルテリョンは、フランス南部のラ・ヴルト＝シュル＝ローヌに分布する約１億６５００万年前のジュラ紀中期の地層から化石が発見されました。ロブスターのようながっしりとしたからだをもつエビの仲間で、全長は数センチメートルほど。

古生物が生きていた環境を知る術の〝王道〟は、地層を調べることです。地層を調べれば、その地層が陸でできたのか、海でできたのか、海でできたとしたら、どのくらいの深さの海でできたのかなどがわかります。ラ・ヴルト＝シュル＝ローヌに分布するジュラ紀中期の地層は、水深２００メートル以上という深い海でできたことがわかっています。その地層から化石が発見されたヴォウルテリョンも、同じように深海に生きていた動物と考えることが〝一般的〟です。

この本でこれまでに見てきたように、水棲の古生物の生息していた水深を知る手がかりは、もうひとつあります。それは「複眼」です。複眼を詳しく調べれば、光にどのくらい頼る生活をしていたのかを推測することができます。明るい場所であれば、水深は浅い可能性が高く、暗い場所であれば、水深は深い可能性が高いといえます。

しかし、三葉虫類のような硬い物質でできていない限り、なかなか複眼が化石として残ることはありません。

ラ・ヴルト＝シュル＝ローヌに分布する約1億6500万年前のジュラ紀中期の地層から発見された、ヴォウルテリョンの化石には、その複眼が残っていました。かなり保存の良いレアな化石が発見されたのです。そこで、雲南大学（中国）のデニス・オードさんたちはその複眼を詳しく調べ、その結果を2019年に発表しました。

オードさんたちの分析によると、ヴォウルテリョンの複眼は、一定の明るさがあれば、視界を確保できることがわかりました。つまり、太陽の光が届くような浅い海でヴォウルテリョンが生息していた可能性があるのです。これは、地層から推測される環境とは異な

学名：ヴォウルテリョン（*Voulteryon*）
化石産地：フランス
サイズ：約1.5cm
主な参考論文：Audo *et al.*（2019）

ります。

オードさんたちは、この矛盾ともいえる研究結果に対して、ふたつの仮説を提案しています。ひとつは、もともとヴォウルテリョンは浅い海に生息していたものの、何らかの理由で深海に流されて、そこで化石化したというもの。

もうひとつは、ヴォウルテリョンは浅い海で主に生活していたものの、繁殖のときだけ、深海へ潜っていたのではないか、というものです。この場合、たまたま深海にきていたときに、何らかの理由で死ぬことになり、化石になったと考えられます。

今回の物語では、浅い海で休むヴォウルテリョンを綴りました。

そして、「複眼の化け物」です。これは、オードさんたちの論文でも、「同じ場所で生きていた」ことが示唆されている動物で、名前を「ドロカリス（*Dollocaris*）」といいます。

「エビの仲間」という説明ができたヴォウルテリョンとは異なり、ドロカリスの姿は「珍妙そのもの」といえます。ドロカリスの姿は、現代のラグビーボールに近いといえるかもしれません。ただし、そのボールの一端には、大きな複眼がふたつ並んでいました。「ふたつ」とはいっても、物語でも触れたように、左右が密接して並んでいます。見ようによっては、たったひとつの複眼のようにも見えます。ボールの下には、先端が鋭く尖った3対6本の長いあしと、短い8本のあしがありました。この短いあしを動かして泳ぎ、長いあしで獲物を捕まえていたと考えられてい

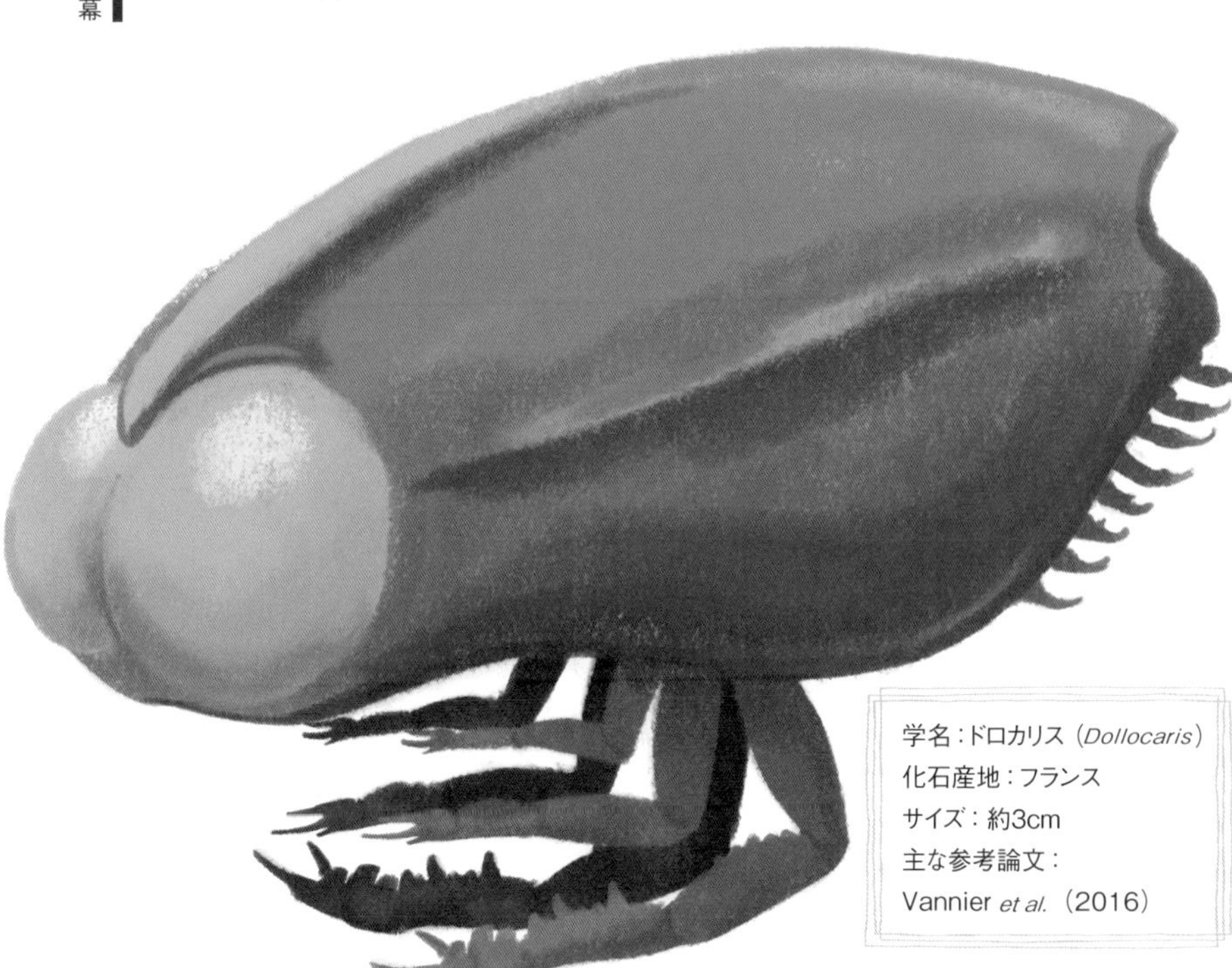

ます。

ドロカリスの化石も、ラ・ヴルト＝シュル＝ローヌの地層から発見されています。つまり、地層の分析からみれば、深海性の生き物である可能性が高いのです。

しかし、リヨン大学（フランス）のジャン・バニエさんたちが2016年に発表した研究によれば、ドロカリスの複眼には、それぞれ約1万8000個ものレンズがあったとのことです。

正面を向いた複眼に、圧倒的多数のレンズ。これを生かすためには、ドロカリスもまた、光の届く場所で生活する必要があります。

あしの形状や複眼の仕様から、ドロカリスは狩人である可能性が高いとされています。しかし、ドロカリスには、素早く泳ぎ回るためのあし——極端に言えば、ウミサソリ類が備えていた櫂のようなあしはありません。からだをひねらせることも難しかったでしょう。つまり、獲物を捉える能力には優れていたものの、捕らえるために泳ぎ回る能力はさほどでもなかった可能性があります。そこで、バニエさんたちは、ドロカリスは海底地形をいかして奇襲をかける狩りをしていたとみています。物語も、この考え方を参考にしました。

この本で紹介した無脊椎動物たちの〝世界〟では、複眼に注目した話がこの物語を含めて4つあります。過去の生き様を知る上で、複眼の解析がいかに重要であるかを物語っているともいえるでしょう。

日本にもいた"ドロカリスの仲間"

世界各地で見つかる不思議な姿の古生物

ドロカリスは、「嚢頭類(のうとうるい)」と呼ばれるグループに属しています。

嚢頭類の化石は、世界各地から見つかっています。日本でも宮城県の南三陸町に分布する中生代三畳紀前期の地層から5種の報告があります。下に化石の写真と復元画を掲載した嚢頭類は、「キタカミカリス・ウタツエンシス（*Kitakamicaris utatsuensis*）」という名前で、これまでに実に150個体以上の化石が発見されているそうです。

不思議な姿をした嚢頭類ですが、意外と身近な（?）存在なのかもしれません。

キタカミカリスの化石

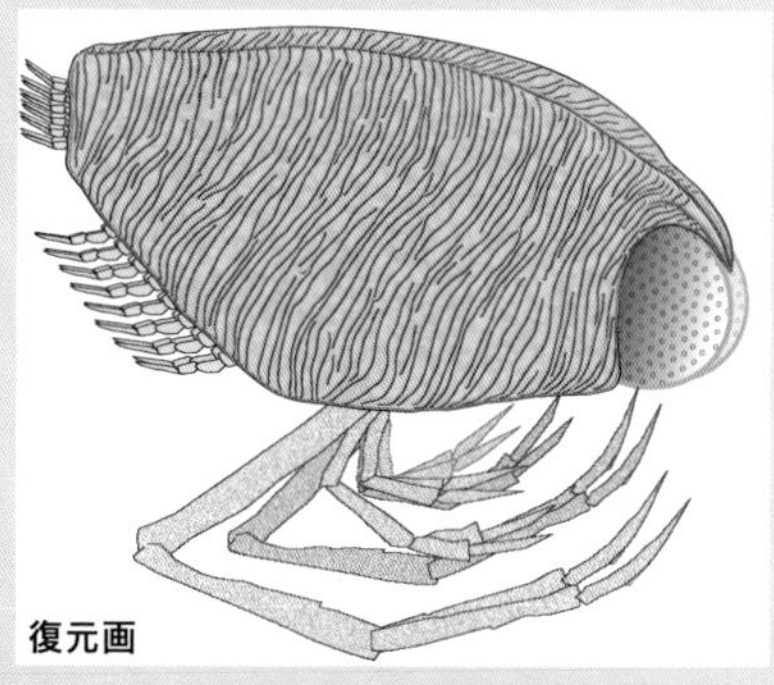
復元画

（写真・図／東北大学総合学術博物館）

Story

ジュラ紀の夜の音色

樹木の葉の間から、月光が届く。

針葉樹や、大型のシダ植物が茂る森だ。多くの動物が寝静まっている。

……と、森の奥から何か聞こえてくる。

リン、リン、リン。

リズミカルに。「奏でる」という文字にふさわしい音が。

最初はひとつ。

しかし、やがて多重になる。

リリン、リリン、リリン。

キリギリスの仲間、「アルカボイルス・ミュージックス」の音色だ。「ミュージックス」なんて、

なんと相応しい名前を与えられているのだろう。

日中は、恐竜たちがのし歩いていたその森に、今は、アルカボイルス・ミュージックスの奏でる音色が響いている。この森に暮らす恐竜たちの多くは昼行性（ちゅうこうせい）であるため、陽が暮れた今は、アルカボイルス・ミュージックスの合奏を聴こうとも、眼は覚めない。

アルカボイルス・ミュージックスたちは、遠慮なく合奏を続ける。

愛の季節なのだ。

今、自己主張をしなくて、いつするというのだろう。

アルカボイルス・ミュージックスたちは、その翅（はね）をこすりあわせ、音を出す。

リン、リン、リン。

恐竜たちは寝静まっている。それは、アルカボイルス・ミュージックスたちにとって安心材料だろう。

しかし、すべての捕食者が寝ているというわけではない。

暗闇のなか、音を頼りにそっと忍びよる影があった。

樹木の幹にすっぽりと隠れてしまいそうな、そんなサイズの小さな動物が、1匹のアルカボイルス・ミュージックスに迫っていた。

頭部が小さく、尾が長く、コロッとした小さな胴で、四足をついてチョコマカと歩く。

哺乳類だ。

彼らにとっても、恐竜たちが寝ている夜は、活動の時間帯だった。

リン、リン。

音がひとつ、少なくなった。

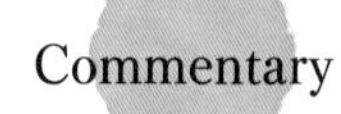

ジュラ紀の森で聞こえた音

昆虫類は、古生代デボン紀には登場していたとみられています。そして、瞬く間に繁栄し、種類を増やし、デボン紀の次の時代である石炭紀には、地上でその〝王国〟を確立していました。石炭紀の空には、昆虫類を捕食するような「空を飛ぶ脊椎動物」はまだいなかったようです。また、陸上においても、素早く動き回るような動物は限られていました。

平和な石炭紀の森で、昆虫類はおおいに繁栄したのです。

そして、この頃からすでに、昆虫類は鳴いていたとみられています。キリギリスに似た風貌をもつオオバッタ類の化石が発見されており、現生のバッタ類の化石との比較から、弾けるような音を出していたことが知られています。

昆虫類の〝鳴き音〟は、声として発せられるものではありません。翅(はね)と翅を高速で擦り合わせることで音を出しています。

音の目的は、種内のコミュニケーションかもしれませんし、異性へのアピールかもしれません。

今回の物語の主役である「アルカボイルス・ミュージックス」は、学名を「*Archaboilus musicus*」と綴ります。物語のなかでも言及したように、「ミュージックス（*musicus*）」という種小名は、ラテン語の「奏でる音」を意味する「*musicus*」に由来するものです。

舞台は、今から約1億6500万年前。ジュラ紀中期の中国です。先に紹介したドロカリスと同時代の生き物です。

物語のもととなった研究は、2011年に首都師範大学（中国）のジュンジエ・グさんたちによって発表されました。

昆虫類は大繁栄こそしましたが、実はそのからだはけっして硬くなく、化石に残りにくいのです。脊椎動物の骨や三葉虫類などの殻は化石によく残りますが、昆虫のからだは化石として残りやすいわけではありません。

しかし、なにしろ大繁栄していたので、昆虫類は個体数が多く、残る確率は低くても、それなりの数が化石として残されています。それでも、全身がまるごと化石に残ることは多くはなく、翅だけが化石となっている例が多くあります。

グさんたちが報告したアルカボイルス・ミュージックスの化石も翅だけです。ただし、その翅の化石には微細構造が残っていました。この翅の構造から、アルカボイルス・ミュージックスは、バッタ類に属する、とくにコオロギの仲間であると特定されました。また、現生種の翅と比較す

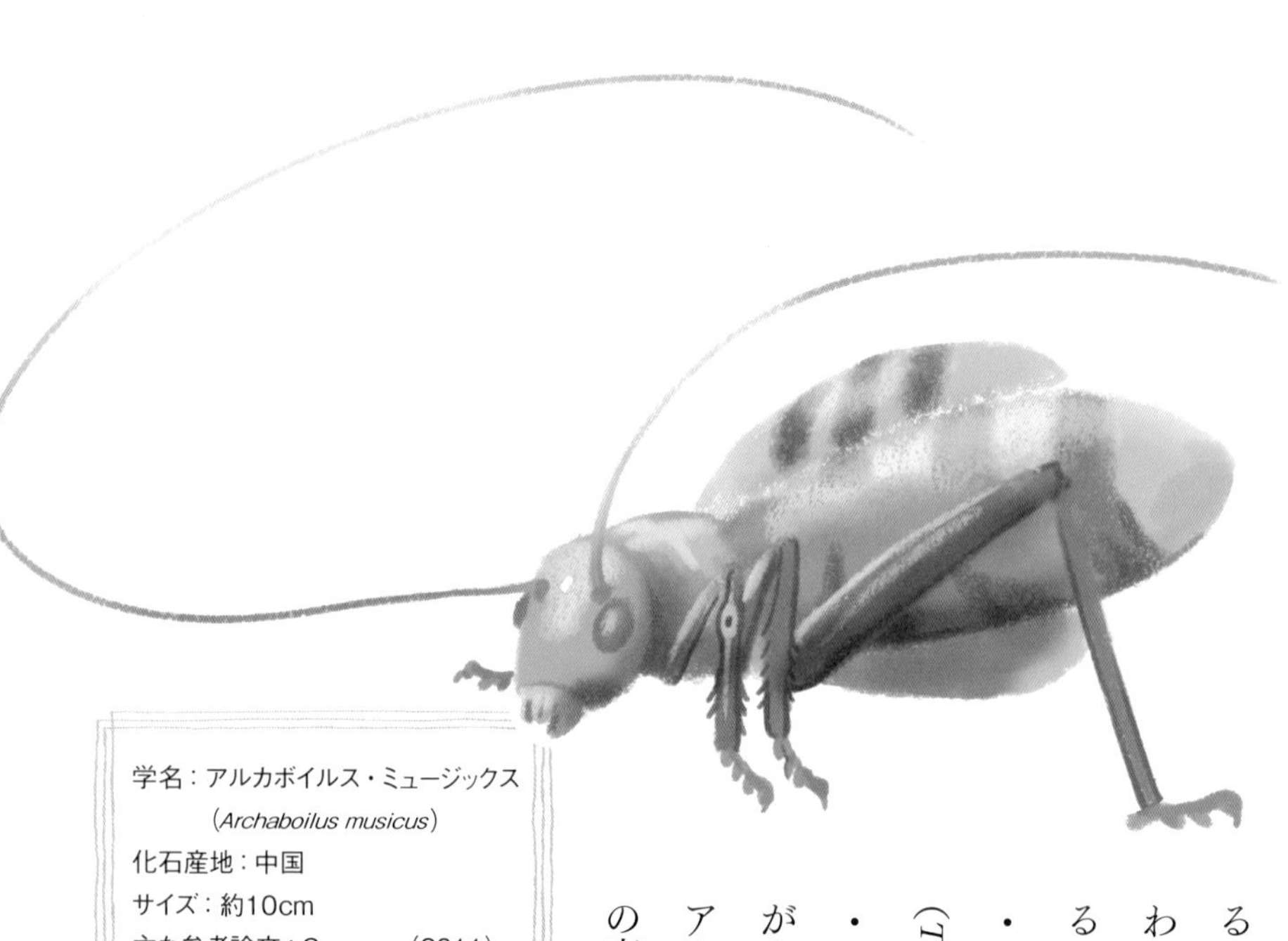

学名：アルカボイルス・ミュージックス
（*Archaboilus musicus*）
化石産地：中国
サイズ：約10cm
主な参考論文：Gu *et al.*（2011）

ることで、6・4キロヘルツという音を奏でることができるとわかりました。同じコオロギの仲間でも、例えばよく知られるスズムシ（*Homoeogryllus japonicus*）の音色は2・2〜5・5キロヘルツと5・5〜11キロヘルツです。エンマコオロギ（*Teleogryllus emma*）が1・4〜2・8ヘルツと2・8〜5・5キロヘルツです。「ヘルツ」は、周波数の単位です。この値が大きければ大きいほど、音は高くなります。したがって、アルカボイルス・ミュージックスはスズムシとエンマコオロギの間の高い音を出していたことがわかります。また、コオロギが鳴くのは主に日が暮れてからなので、アルカボイルス・ミュージックスもまた夜行性だったとされました。

物語で触れたように、恐竜類の多くは昼行性だったとみられています。夜は、アルカボイルス・ミュージックスにとっても良い時間帯だったことでしょう。いくら大きな音を出しても、恐竜類に見つかる可能性は低いのですから。一方で、夜行性の哺乳類がいた可能性は指摘されており、グさんたちは、モルガヌコドン（*Morganucodon*）などに昆虫類が捕食されていたかもしれない、としています。モルガヌコドンは、初期の哺乳類のひとつです。

結局、声（ウタ）を奏でることは、危険と隣り合わせだったのかもしれません。

いずれにしろ、ジュラ紀の森には、現在の日本の秋に聞くような虫の音色が響き渡っていたようです。

恐竜たちが
見ていた
世界
悠久なる時をかけてよみがえる18の物語
Paleontological Animals
We Have Known

第2幕

古脊椎動物が見ていた世界

Story

早起きは三文の得

空気が冷たい。

陽光が森に届き始めているものの、空の大半はまだ暗く、森の中はまだ見通すことができない。世界は静寂そのものだ。微風によって揺れる枝葉の音と、小川のせせらぎが聞こえるくらいである。

この森には多くの動物が暮らしている。そのなかには、どっしりとした大きなからだをもつものもいる。その10分の1にも満たないような、そんな小動物もいる。

そうした動物は、まだ眠りから覚めていない。すでに冬は終わりを告げているけれども、払暁の時間はまだ空気が張っている。

そんな世界でいちはやく動き始めた動物の背には、“帆”があった。

大きな頭部はがっしりとしたつくりで、口には太くて鋭い2種類の歯が並んでいる。四肢は短いながらも頑丈そうだ。尾もそれなりの長さがある。

この動物の名前を「ディメトロドン」という。

ディメトロドンは、その帆を陽光に当て続けていた。偶然ではないのだろう。あえて森の端で眠り、陽の尖兵が届きやすい位置で寝ていたのだ。

ほどなくして、ディメトロドンは、活動を開始する。

森の中はまだ薄暗い。

しかし、ディメトロドンの眼は、黒い帳の向こうを正確に捉えている。

四肢を張り、からだを少し持ち上げる。

のっしり、という表現がふさわしいかもしれない。ディメトロドンは、森の奥へと歩みを進めていった。

この黎明の森で動いているのは、まだ、ディメトロドンだけだ。

木陰の暗いなかで眠っている大型の動物をその視界に捉える。

ディメトロドンのそれを超える大きくも扁平な頭部。わずかに開けた口には、小さくて鋭い歯が並んでいる。胴体はでっぷりとしており、腹を完全に地面につけていた。起きていれば、起きてさえいれば、おそらくディメトロドンと対峙する強者であるのだろう。

木陰の暗闇に安心しているのだろうか。

その寝息が、聞こえてきた。

ディメトロドンが近づき、その大きな顎門（あぎと）を開けたとき、でも、その動物はまだ動かずにいた。

ひょっとしたら、自分に死の危険が迫っていることは察知していたかもしれない。

しかし、彼、あるいは、彼女には、対処のしようがなかった。冷気がからだを拘束して動きづらくしていたし、暗闇にいたため、ディメトロドンの姿を捉えることもできなかったのだ。

森に残る闇は、ディメトロドンに味方した。

かくして悠然と、ディメトロドンは朝食を始めたのである。

早起きは三文の得、という言葉がある。早起きをすれば、ほんの少しながらも、得がある、という意味だ。

ディメトロドンは、帆と視力によって、〝三文〟どころではないそのアドバンテージを発揮していた。

寒冷期の狩人

この話の舞台となっているのは、古生代ペルム紀の地球です。

ペルム紀は約2億9890万年前に始まり、約2億5200万年前まで続きました。ペルム紀の終わりは、2億年以上続いた「古生代」の終わりでもあります。古生代が終われば、恐竜の繁栄で知られる中生代が始まります。

その意味で、ペルム紀は、「前恐竜時代」ともいえるでしょう。

そんなペルム紀は、気候の変化が激しい時代でした。

2021年に、ノースウエスタン大学（アメリカ）のクリストファー・R・スコテーゼさんたちがまとめた論文によると、ペルム紀が始まったときの地球の平均気温は12℃ほどしかなかったようです。現代日本でいえば、12℃は、東京の11月の平均気温に近い値です。つまり、全地球的に、コートやマフラーが必要な晩秋の気温でした。

その後、しだいに地球は暖かくなっていきます。

それでもペルム紀の前半期の終わりころでは、約14・6℃ほどしかありませんでした。現代の東京でいえば、4月の平均気温とほぼ同じです。ようやく暖かくなってはきましたが、それでも、まだ長袖が必要な気候といえます。

しかし、ペルム紀の後半期になると気温は急上昇し、ペルム紀の終わりには平均気温は30℃を超えるほどになりました。地球全体が真夏日になったのです。

物語の舞台は、ペルム紀の前半期。つまり、地球がとても冷え込んでいた時代です。

主人公である「ディメトロドン」は、「*Dimetrodon*」と書きます。その化石は、主にアメリカから発見されています。アメリカ以外では、ドイツでも見つかっています。現在ではアメリカとドイツの間には太平洋がありますが、当時はすべての大陸が合体していたので、アメリカとドイツでディメトロドンの化石が見つかっていることは驚くべきことではないかもしれません。

ディメトロドンは、「盤竜類（ばんりゅうるい）」と呼ばれるグループに属しています。このグループ名は、厳密な意味では今はもう使われていませんが、ディメトロドンやその近縁の仲間たちをまとめることに便利なので、専門家でも使う人は少なくありません。

その〝盤竜類〟は、「単弓類（たんきゅうるい）」と呼ばれるより大きなグループの一員です。私たち哺乳類も単弓類の一員です。ペルム紀当時にはまだ哺乳類は登場していませんが、盤竜類は哺乳類にとっては親戚のような関係にあります。彼らは、恐竜類よりもよほど私たちに近い存在なのです。

ディメトロドンは、物語でも紹介したように、大きな頭部、がっしりとした顎(あご)、大小2タイプの鋭い歯、背中に大きな帆、頑丈な四肢、やや長い尾をもっていました。とくに大きな帆は、この盤竜類のトレードマークともいえます。

この「ディメトロドン」という名前をもつ動物について、複数種が報告されています。いずれも「ディメトロドン」の仲間なのでよく似ていますが、からだの大きさや帆の形などが少しずつ異なっています。その仲間のなかでも、「ディメトロドン・ギガンホモジェネス（*Dimetrodon giganhomogenes*）」や「ディメトロドン・グランディス（*Dimetrodon grandis*）」は、全長が3メートルを超えていました。当時の陸上動物としては、最大級です。

大きな頭部、がっしりとした顎、鋭い歯、そして、最大級の巨体。ディメトロドンは、ペルム紀前半期の世界において、生態系の頂点に君臨する狩人だったと考えられています。

ディメトロドンの大きな帆は、熱を吸収するために役立ったとの見方が有力です。ディメトロドンの帆には、「芯」がありました。背骨をつくるひとつひとつの骨の一部が上に向かって細長く伸びているのです。いや、実は、この細長い芯が並んでいるからこそ、その間に皮の膜が張られ、帆をつくっていたと考えられています。帆の皮膜自体が化石として残っているわけではありません。

そして、その芯の中には空洞があり、血管が通っていたとみられています。そのため、帆を日光に当てれば、血管を通る血液も温めることにつながり、体温を効率よく上げることができたとされています。

ディメトロドンは哺乳類と同じ単弓類ですが、現在の哺乳類のような内温性(恒温性)だったとは考えられていません。ディメトロドンだけではなく、当時のすべての動物は外温性（変温性）だったと考えられています。

つまり、気温が低いと体温が低く、からだを満足に動かすことができませんでした。日光が出てきて、時間をかけてからだを温めてようやく動き出すことができたのです。そんな動物たちばかりの世界で、帆をもつディメトロドンはいちはやく動き出すことができた。これは、狩人としてかなり有利な特徴だったことでしょう。

ディメトロドンの仲間のひとつに、「ディメトロドン・ミレリ（*Dimetrodon milleri*）」という種がいました。全長は1・7メートルほどで、ディメトロドンの仲間のなかでは小型です。

学名：ディメトロドン
（*Dimetrodon*）
化石産地：アメリカ，ドイツ
サイズ：3.3m
主な参考論文：
Angielczyk and Sohmitz（2014）

他の仲間たちについてはよくわかっていませんが、少なくともディメトロドン・ミレリは、夜目がきいたようです。

2014年、フィールド自然史博物館（アメリカ）のK・D・アンジルチェックさんと、クレアモント・マッケナ・スクリプス・カレッジズ（アメリカ）のL・シュミッツさんは、ミレリの〝眼の骨〟に注目した論文を発表しています。

この〝眼の骨〟とは、「鞏膜輪（きょうまくりん）」と呼ばれているリング状の骨です。私たちの眼には鞏膜輪はありませんが、単弓類のなかでも初期の種や爬虫類、鳥類などがもっています。眼球の中にあり、眼球を保護する役割を担っています。

この骨の形を調べると、その眼がどれくらい「明るいところ向きか」「暗いところ向きか」ということがわかると考えられています。古生物の視力を知るための手がかりになるとして注目されています。

アンジルチェックさんとシュミッツさんの分析によると、ディメトロドン・ミレリの眼は、暗いところ向きだったとのことです。

いち早く活動を開始し、暗闇で休んでいる獲物を襲う、という物語は、こうした研究成果にもとづくものです。ただし、鞏膜輪の分析はすべてのディメトロドンの種でなされているわけではありませんし、「暗いところ向き」とされるディメトロドン・ミレリの帆の芯に血管の通り道が確認されているわけでもありません。この物語が成立するかどうかは、実はまだわかっていないことが多いのです。

また、物語ではとくに名前を出していませんが、獲物として想定しているのは、大型の両生類である「エリオプス（Eryops）」です。当時、エリオプスは、ディメトロドンと並ぶトッププレデターだったと考えられていますが、ディメトロドンのように効率的に体温を高める術をもたず、また、夜目の利く眼をもっていたかどうかは不明であるため、今回は獲物として登場してもらいました。

なお、ディメトロドンに関しては、2022年にブックマン社から上梓した拙著『前恐竜時代』にどっぷりと書いておきました。この愛すべき〝盤竜類〟に惹かれた方は、ぜひ、お手にとられてみてください。

Story

長い首なのに？

平たい土地が広がっている。

そこは、雨が多い日は水没するような、そんな低地だ。今は、シダ植物やツクシの仲間がそこかしこに生えている。少し離れた場所には、鬱蒼とした森も見える。

当時、世界には、歩くたびに地響きがするような、そんな大型の恐竜たちが数多く生きていた。「竜脚類（りゅうきゃくるい）」と呼ばれるグループである。このグループの恐竜たちは、植物を主食とし、長い首、樽のような胴体、柱のような四肢に、長い尾をもつ。

この低地に棲む竜脚類は、竜脚類と

してはやや小さい。名前は「ニジェールサウルス」という。

何かを落としたのだろうか？

ニジェールサウルスは、長い首を下げ、口先を下に向けたまま歩いている。地面の匂いをかぐような、そんな姿勢のまま歩行しているのだ。

しばらく見ていても、せっかくの長い首なのに、高く上げて周囲を探るという動作をいっさいしない。それどころか、首をまっすぐ水平に保つこともまれだ。

ずっと下を向いている。

口先をよく見ると、どうやら植物を食べているようだ。

ニジェールサウルスは、歯が横一直線に並んでいるという特徴がある。その一直線の歯を上手

に使って、シダ植物を食んでいる。

なんだ、食事中だから口先を下に向けていたのか。

……いや、どうもちがうらしい。

食事を終えて歩き出しても、口先は下を向いたままだ。

せっかくの長い首があるのに、高い位置に上げて周囲を警戒することがない。あれでは、視界が限られてしまうはずだ。果たして身の安全を守ることができるのかどうか。

ふと、そよ風が吹いた。

運ばれてくるのは、芳しい匂い……ではない。おそらく腐肉を漁ったのだろう。肉食者の口から匂う。独特の生臭さ。森の奥から仄かにただよってくる。

この匂いに気づけば、さすがに首を上げて、

周囲を確認するはず。

しかしニジェールサウルスは、とくに姿勢を変えない。口先を下に向けたまま歩いている。

捕食者が接近していることにも気がつかずに……。

常に下を向く独特の平衡感覚

この物語の舞台は、中生代白亜紀半ばの地球です。白亜紀の世界は、とても温暖でした。そして、海水準も高く、世界の多くの陸域が水没し、そして、湿潤な気候となっていました。北緯45度まで、熱帯性の気候だったようです。「北緯45度」は、現在の地球でいえば、日本最北端の稚内の緯度とほぼ同じです。それほど北の地域でも、1年を通して暖かい日々が続いていたのです。

動植物にとってはとてもすごしやすい地球だった、といえるかもしれません。そんな地球でおおいに繁栄したのは、爬虫類たちです。とくに「恐竜類」は、その登場から約1億年の歳月が経過しており、空前の繁栄を築くことに成功していました。

この物語の主人公であるニジェールサウルスは、「*Nigersaurs*」と書きます。その名が示すように、化石は、アフリカの「ニジェール」で発見されています。

ニジェールサウルスは「竜脚類」と呼ばれる植物食恐竜のグループに属しています。「竜脚類」は、いわゆる「巨大恐竜」の代名詞といえるグループです。このグループの恐竜には、全長が20メートルを超える種がたくさんいました。全長30メートルを超える種も確認されています。

そうした竜脚類のなかで、ニジェールサウルスの全長は9メートルほどでした。この大きさは、恐竜全体を見渡せば〝そこそこのサイズ〟ですが、竜脚類としては小型といえます。

ニジェールサウルスの最大の特徴は、その顔つきにあるといえるでしょう。上下の歯が口先で横1列に並んでいるのです。まるでハーモニカのような、そんな口をしていました。竜脚類は、どちらかといえば、似たような顔つきの種がたくさんいます。専門家やよほどの愛好家でもなければ、顔を見て、「あ、竜脚類の〇〇〇〇という種だ」と特定するのはとても難しい。しかし、ニジェールサウルスは、「あ、ニジェールサウルスだ」とわかる顔なのです。


シカゴ大学（アメリカ）のポール・C・セレノさんたちは、2007年にニジェールサウルスの頭部を詳しく分析した研究を発表しています。

セレノさんたちは、脳構造に注目しました。もっとも、脳そのものが化石として残っていたわけではありません。動物のからだで化石に残りやすいのは、殻や骨といった硬い組織です。内臓や筋肉といった軟らかい組織は化石として残りにくい。もちろん、脳も軟らかいので、化石として残ることはほとんどありません。

しかし、脳は骨のケースに囲まれて保護されています。この脳のケースは、「脳函（のうかん）」と呼ばれていて、脳の外側の形がほぼそのまま反映されています。

古生物の脳の構造を探る場合、この脳函の形を手がかりにします。

セレノさんたちによると、ニジェールサウルスの脳は、他の竜脚類と比べて「嗅球（きゅうきゅう）」の割合が小さいとのことです。

嗅球は、嗅覚に関係しています。脳における嗅球の割合が大きい場合、その動物は優れた嗅覚をもっていたと考えることができます。一方で、嗅球が小さい場合は、その動物はあまり嗅覚が優れていないようです。ニジェールサウルスの場合は、後者です。つまり、ニジェールサウルスの生活にとって、あまり「匂い」は重要ではなかった可能性があります。物語で、接近する〝肉食恐竜の匂い〟に気づかなかったという設定は、この嗅球の大きさにもとづくものです。

また、セレノさんたちは、三半規管の形も分析しました。

三半規管は、平衡感覚を司ります。生きているときは、三半規管の中が液体で満たされていて、その液体の流れを感じることで、私たちは自分の姿勢を知っているのです。このことから、三半規管を調べることで、通常、その動物の頭がどのような角度だったのかを知る手がかりを得ることができるとみられています。

セレノさんたちの分析によると、ニジェールサウルスは口を真下に向けているときに、最も頭部の姿勢が安定していたようです。セレノさんたちによれば、同じ竜脚類でニジェールサウルスに近縁なディプロドクス（*Diplodocus*）は、口先を斜め前に向けていたそうですから、この頭部の姿勢は、ニジェールサウルスに独特の特徴だったようです。

長い首をもちながらも、頭はほぼ常に下を向いていた。一風変わった生態がそこにあったとみられています。長い首の役割についてはよくわかっていませんが、少なくともニジェールサウルスにとっては、高い位置の枝葉を食べるためのものではなかったといえます。その視線は、ヒトの成人よりもずっと低いのです。

頭を下に向けて、地面に生える植物を食べていたのであれば、必然的に視界は限られています。周囲の様子を探るためには、その都度、首を上げなければいけません。嗅覚が弱いこととあわせて、肉食恐竜にとっては格好の獲物だったのかもしれません。

竜脚類には、ニジェールサウルスと同じように「地面に生える植物」を食べる仲間がいたようです。セレノさんたちは、そんな仲間たちのなかで、ニジェールサウルスは「集大成ともいえる進化を遂げていた」と指摘しています。

学名：ニジェールサウルス
（*Nigersaurs*）
化石産地：ニジェール
サイズ：9m
主な参考論文：Sereno *et al.*（2007）

Story

鼻先で獲物を探す

蒸し暑い。

潮の匂いのまざったねばつく風が、スピノサウルスの肌にまとわりついていた。

スピノサウルスは、大型の恐竜である。その大きさは、鼻先から尾の先までの長さが、現代のウマで6～7頭分といったところだろうか。

頭部は前後に長く、横幅はさほどない。吻部(ふんぶ)は前に向けてぐっと伸び、そ

の先端が少し膨らんでいる。口には円錐形の細長い歯が並ぶ。そして、額には小さなトサカがある。

背中に大きな帆があることが、この恐竜の最大の特徴だ。からだの高さの半分を、この帆が占めている。じっとりとした空気が、その帆にまとわりつく。

尾は長く、やや高さがあり、後方に向かってピンと張られている。

今、スピノサウルスは、河の中に立っている。

広い河だ。

河岸は遠く、その先には鬱蒼とした森が茂っている。その濃厚な緑色が、また暑さを誘う。一部の樹木は、河の中にも生えている。その影が、濁った水面に影を落とす。

そのスピノサウルスが河の中に立ち始めてか

ら、どれだけの時間が経過したのだろう。

水面はまったく揺れていない。うだるような暑さのなか、ただ立ち尽くしているわけではない。

スピノサウルスはやや前傾で首を下げ、わずかに開いた吻部の先端を水の中につけている。吻部の先端が水中にあっても、スピノサウルスの呼吸には支障がない。スピノサウルスの鼻の孔は、眼の近くに位置している。

じりじりと時間が経過していく。

スピノサウルスは、まるで彫像のように動かない。

陽が高くなり、帆のつくる影と、近くの樹木の影がさほど区別がつかなくなった。

水面が揺れた。

スピノサウルスが動いたわけではない。帆の影の中に、数匹のサカナがやってきたようだ。

じろりと、スピノサウルスの眼が動いた。眼だけだ。あいかわらず、からだはもちろん、水面につけている吻部もまったく動かない。

水面は揺れたけれども、濃い茶色の水では、サカナがどこにいるのかわからない。

時間だけが過ぎていく。樹木の影も、帆の影も、同じように動き、少しずつ形を変えていく。

蒸し暑さのなか、浸っている吻部の先とあしだけが救いだ。

突然――。

突然、スピノサウルスの口先に〝押される感覚〟があった。直接的なものではない。大きなサカナの泳ぎがつくる水圧の変化。それが大きくなったのだ。

水しぶきが大きく広がる。

水面が激しく波打った。

そして、高く上げたスピノサウルスの口には、頭部の半分の長さはあろうかというサカナが咥えられていた。鋭い歯がしっかりと魚体に突き刺さり、ピチピチと悶えるサカナを逃さない。

口を上下左右に少し振りながら、舌で方向を整える。サカナの頭がスピノサウルスの喉奥に向いたとき、歯から離れたそのサカナは飲み込まれていった。

ようやくありつけた食事に満足したのか。それとも長時間の狩りに疲れたのか。

スピノサウルスは岸に向かってゆっくりと歩き始めた。その影の中には、もうサカナはいない。

吻部先端の圧力センサー

物語の舞台は、中生代白亜紀半ば（約1億年前ごろ）のエジプトです。白亜紀は、約1億４５００万年前に始まり、約６６００万年前まで続いた時代です。実に７９００万年間におよぶその長さは、地質時代では他の時代の長さを圧倒しています。当時、地球は極めて温暖でした。

物語の主人公であるスピノサウルスは、「*Spinosaurus*」と学名を綴ります。スピノサウルスは、全長15メートルともされる大型の恐竜です。有名な大型肉食恐竜であるティラノサウルス（*Tyrannosaurus*）を上回る長さの持ち主ですが、ティラノサウルスと比べるとほっそりとしていました。

分類としては、ティラノサウルスと同じ「獣脚類（じゅうきゃくるい）」というグループに属しています。獣脚類はすべての肉食恐竜が属している分類群です（すべての獣脚類が、肉食性というわけではありません）。多くの肉食恐竜が、獲物を「噛み砕く」ことや、「切り裂く」ことに適した歯をもっていることに対し、スピノサウルスの歯は円錐形で「突き刺す」ことに適していました。この形は、現生の魚食のワニ類の歯とよく似ています。そして、実際、スピノサウルスの近縁種の化石には、腹部があったであろう場所から、サカナの化石も見つかっています。こうした特徴から、スピノサウルスは魚食の恐竜だったとみられています。

もっとも、この場合の「魚食」とは、「主食」のニュアンスが大きく、陸上動物を襲っていたことが否定されているわけではありません。実際、近縁種には恐竜類や翼竜類も襲ったものもいたようです。ちなみに、ティラノサウルスは、白亜紀末の北アメリカに君臨した恐竜なので、白亜紀半ばのエジプトにいたスピノサウルスとは会うことはありませんでした。

スピノサウルスの吻部の形もワニ類とよく似ていました。

さらにいえば、その〝内部構造〟もよく似ていたことがわかっています。

学名：スピノサウルス
（*Spinosaurus*）
化石産地：エジプト，モロッコ他
サイズ：15m
主な参考論文：
Ibrahim *et al.*（2014）

吻部の先端に、多数の細かな孔があったのです。２０１４年にシカゴ大学（アメリカ）のニザール・イブラヒムさんたちがスピノサウルスの頭骨の化石をＣＴスキャンで調べたところ、吻部の先端にある孔は、頭骨の奥までつながっていることが明らかになりました。この深くて細い孔（あな）は、いわゆる「鼻の孔」である「鼻腔の孔」とは別のものです。

同じような特徴は、現生のワニ類にも確認されています。ワニ類の場合、この孔には神経が通っていて、〝圧力センサー〟になっています。物語で言及したように、水中のわずかな水の動きをこの圧力センサーで感じることができました。この圧力センサーがあることで、ワニ類は濁った水の中でも、獲物の位置を正確に知ることができます。

同じように、スピノサウルスの吻部にも圧力センサーがあったと考えられています。つまり、吻部を水面下につけることで、濁った水の中でも獲物の位置を把握することができた可能性が高いのです。

さて、イブラヒムさんたちの２０１４年の論文では、他にもいくつもの証拠を挙げながら、スピノサウルスは「四足歩行で水中生活をおくっていた」という仮説を提唱しました。

もともとスピノサウルスの属する獣脚類というグループは、それこそティラノサウルスのように後ろあしが長く、二足歩行をしていたとみられるものばかりです。

一方、スピノサウルスに関しては、その全身を復元するに十分な化石は、実は第二次世界大戦の戦火で失われています。そのため、イブラヒムさんたちが２０１４年に論文を発表するまでは〝ごく普通に〟スピノサウルスも二足歩行のスタイルで復元されていました。

しかしイブラヒムさんたちが、近縁種などを分析した結果、スピノサウルスの後ろあしは短く、二足で歩くよりは、四足で歩いていたと考えられるようになりました。さらに、さまざまな特徴から考えると、陸上を歩き回るよりも、水中で生活したほうが適していることも指摘されました。

この〝スピノサウルス四足歩行・水中生活説〟は、大きな衝撃をもってむかえられました。さっそく全身復元骨格もつくられ、２０１６年には日本でもその展示がおこなわれています。

その後、イブラヒムさんたちは、〝スピノサウルス四足歩行・水中生活説〟の証拠ともいえる研究成果を次々と発表しました。

一方、今日では、〝スピノサウルス四足歩行・水中生活説〟に対する反論がいくつも発表されています。水中で生きていくためにはバランスをとることができないというものや、そもそも四足歩行ではなく、やはり二足歩行だったというものなどさまざまです。２０１４年にイブラヒムさんたちの研究チームの一員だったシカゴ大学のポール・C・セレノさんも、他の研究者たちとともに「*Spinosaurus* is not an aquatic dinosaur（スピノサウルスは水棲恐竜ではない）」というタイトルの論文を2022年に発表しています。

現在では、スピノサウルスの姿や生きていた場所は、再び謎に包まれているといえるでしょう。吻部の〝圧力センサー〟を使っていたであろうこと、魚食であっただろうこと。このふたつはほぼ確実ながらも、いったいどのような姿で、どのように生きていたのかという、〝基本的なこと〟には、謎が多いのです。

この本では、協力者の河部壮一郎さんとの相談のうえで、伝統的な二足歩行モデルを採用しています。物語中で触れたように、スピノサウルスは鼻の孔の位置が高いので、吻部の先端を水面下に沈めながらでも呼吸は可能です。スピノサウルスは「視覚」で獲物の位置を捉えたのではなく、〝圧力センサー〟で獲物を捕捉していたという設定にしました。

なお、スピノサウルスの最大の特徴でもある大きな帆は、これもまた、この恐竜の謎のひとつとなっています。108～117ページで紹介したディメトロドンの帆のような体温調整機能は確認されていません。物語では、樹木の影と同じような役割をさせることで、スピノサウルスを樹木と誤認させると〝設定〟しましたが、なんら証拠があるわけではありません。実際には、どうだったのでしょうね。

日本にもいた"スピノサウルスの仲間"

特徴的な歯の形 歯化石からわかること

スピノサウルスは、「スピノサウルス類」というグループの代表です。「スピノサウルス類」には、スピノサウルス以外にもたくさんの種がいたことがわかっています。このグループの特徴は歯に現れます。スピノサウルス類の歯は、円錐形に近い形で、上下方向に線状構造がたくさん並んでいます。この歯の化石は、世界各地で見つかっています。日本でも群馬県や福井県、和歌山県などで発見されています。残念ながら歯化石だけなので、姿は不明ですが、かつて日本にもスピノサウルス類がいたのです。

（写真／和歌山県立自然博物館）

（写真／群馬県立自然史博物館）

闇夜に虫を狩る

少し涼しくなってきただろうか。

日中はあれほど騒がしかった森も、今は、虫の鳴き声くらいしか聞こえない。水辺にやってきた恐竜たちが自己主張を繰り返すその声も、小さな鳥が枝を発つときに聞こえる枝葉の触れ合う音も、今は聞こえない。

夜の帳に包まれてから、それなりの時間が経過した。

シュヴウイアは、忍ぶように森を進む。高く首を上げ、きょろきょろと周囲を見渡している。

月の明かりの届かない森だけれども、シュヴウイアには樹形も、枝葉も地形も見えている。

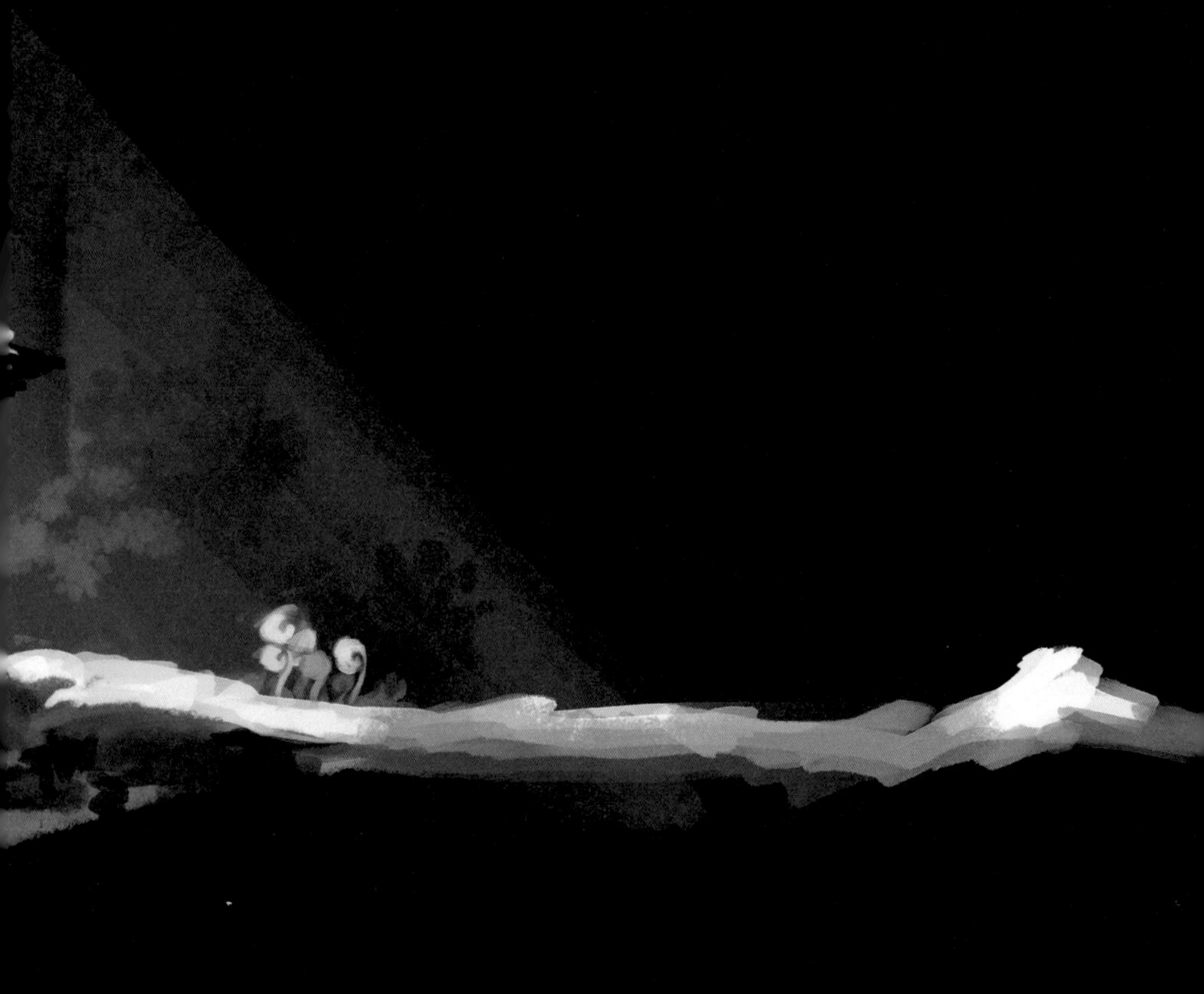

陽が落ちてからの世界が、シュヴウイアの活動時間だ。

聞こえてくる虫の鳴き声に耳をすませ、危なげない足取りで樹木の根をまたぎながら、そっと進んでいく。

しかし、小さな枝を見落としていた。見えていても見落とす。これはまあ、仕方ない。

細い枝が折れるときの特有の高い音が立つ。

虫の鳴き声が止んだ。

微風がゆらす枝葉の音だけが周囲を支配する。

シュヴウイアは立ち止まり、ゆっくりと首を動かした。

ほんのわずか。

枯れ葉を踏むほんのわずかな音がシュヴウイアの耳に届く。

次の瞬間、シュヴウイアは走り出した。

夜の森を跳ねる。距離にして、十数歩の位置だ。枯れ葉が少し積もったその場所には、わずかな盛り上がりがあった。細い口先で、枯れ葉を退けるとそこには小さな穴がある。

穴の奥から細やかな足音が聞こえる。

シュヴウイアは脚を曲げ、腰を落とし、短い腕を振りかぶる。そして、1本の鋭い爪先を振り下ろした。

土が崩れる。シュヴイアが狙ったのは、小さな足音がした場所の少し奥だ。空洞と、そこを進む小さな甲虫が露出した。

甲虫はすぐさま穴を戻ろうとする……が遅い。

シュヴウイアの口が、その甲虫を捕えた。

シュヴウイアは、その甲虫を咥えたまま、森の奥へと消えていった。

恐竜にもいた、フクロウのような生態

現代を生きる鳥類の多くは、明るい昼に活動し、暗くて周りの景色がよく見えない夜に休みます。しかし鳥類のなかには、夜の森林でも正確に景色と獲物の位置を把握して、樹木にぶつかることなく、精緻な狩りをするものもいます。

フクロウの仲間は、そうした夜行性鳥類の代表的な存在です。

フクロウは、顔のサイズの割には大きな眼をもっていて、より多くの光を集めることができます。そのため、ほんのわずかな明かりしかない夜の森でも、自分のまわりの景色を見ることが可能なのです。また、フクロウの耳は、左右で上下に少しずれています。このわずかなずれのおかげで、耳に到達する音に時間差が生まれ、その音がどの方向から聞こえてきたのか細かくわかるようです。

こうした「夜の世界の行動」は、古生物学では謎のひとつです。古生物学の対象は化石。生きている動物を観察しているわけではないので、その動物が昼に動いていたのか、夜に動いていたのかを「見て確認する」ことができません。

しかし、手がかりがないわけではありません。

ひとつには、「鞏膜輪（きょうまくりん）」に注目する手法があります。

フクロウの視力を支えているのは、「大きな眼」でした。つまり、眼のサイズがわかれば、その眼の〝夜間性能〟を知ることができます。

ただし、とくに脊椎動物において、眼そのものが化石として残った例はありません（あくまでも、筆者の知る限りですが）。皮膚や体毛が残るような保存の良い化石でも、眼球は残されていないのです。

ところが、脊椎動物には〝眼の骨〟をもつものがたくさんいます。私たちの眼にはこの〝眼の骨〟はありませんが、初期の単弓類や、爬虫類、鳥類などは〝眼の骨〟をもっています。この〝眼の骨〟が「鞏膜輪」です。

鞏膜輪は、文字通りリング（輪）状の骨で、けっして強度が高いわけではなく、化石化の過程で壊れてしまうことがほとんどです。しかし、眼球の組織とはちがい、運良く化石として残ることがあります。108～117ページで紹介したディメトロドンの物語でも、鞏膜輪の研究を紹介しました。

また、頭骨をCTスキャンで調べると、耳の構造がわかる標本もあります。耳の構造がわかれば、聴覚についての手がかりとなります。

今回の物語の主人公は、「シュヴウイア」という恐竜です。学名は「*Shuvuia*」と書きます。シュヴウイアは全長1メートルほどの小型の恐竜です。「1メートル」と聞くと、それなりの大きさがあるように思えるかもしれませんが、「身長」ではなく、「全長」である点にご注意ください。「全長」とは、鼻先（あるいは口先）から尾の先までの長さのことです。筆者の家には、13歳のラブラドール・レトリバーいます。彼女の鼻先からお尻までの長さが、シュヴイアと同じ約1メートルです。ただし、彼女の体重は、25キログラムほどですが、シュヴイアの体重はわずか3・5キログラムほどと見積もられています。シュヴウイアは、長さこそ、盲導犬としても知られるラブラドールとほぼ同じサイズですが、かなりほっそりとしたからだつきでした。

シュヴウイアは小さな頭に細いからだ、今にも折れそうな華奢なあしと長い尾の二足歩行性の恐竜です。前あしは短く、指は3本ありますが、そのうちの1本だけが鋭く、大きく発達していました。ちなみに、口にはとても小さな歯がずらりと並んでいました。

分類は、「アルバレズサウルス類」と呼ばれるグループに属しています。アルバレズサウルス類は、ティラノサウルスなどと同じ「獣脚類」というより大きなグループをつくっていますが、アルバレズサウルス類の恐竜は、ティラノサウルスなどと比べると随分と華奢で小型です。大きな種でも、全長は2メートル未満、体重も数十キログラムといったところ。一見すると鳥類のように見えるかもしれませんし、実際、鳥類に近縁と考えられています。しかし、このグループの恐竜類には飛行能力は確認されていません。シュヴウイアは、そんなアルバレズサウルス類において、進化的な種として位置付けられています。

化石はモンゴルに分布する白亜紀後期の地層から発見されており、砂漠地帯に生息していたと考えられています。

物語の舞台に設定したのは、そんな砂漠地帯に点在する、それなりの広さのあるオアシスです。白亜紀後期といえば、植生は現在のものとかなり似通っており、昆虫や小型の脊椎動物も、多数生息していたとみられます。

学名：シュヴウイア
（*Shuvuia*）
化石産地：モンゴル
サイズ：1m
主な参考論文：Choinire *et al.*（2021）

2021年、ウィットウォータースランド大学（南アフリカ）のヨナ・N・チョイニエールさんたちは、シュヴウイアなどの恐竜の頭骨の化石を調査した研究を発表しました。

鞏膜輪の分析結果は、シュヴウイアの眼は夜行性向きであることを示していたそうです。また、耳の内部構造が、現在のフクロウのものとよく似ていることも明らかにされました。チョイニエールさんたちは、こうした点に注目して、シュヴウイアが夜に行動し、夜に獲物を狩る生活をしていた可能性が高いとしています。

シュヴウイアには、前脚の指が1本だけ発達しているという特徴もあります。この指は、ものを掴むことには向いておらず、かねてより「土や樹木を掘る・壊す」ことに向いていると考えられていました。チョイニエールさんたちの論文でも、同様のことが指摘されています。

なお、チョイニエールさんたちの研究では、同じアルバレズサウルス類の原始的な種についても調べられており、鞏膜輪の分析から優れた夜行性向きの眼であることが指摘されています。一方で、原始的なアルバレズサウルス類は、耳の内部構造はシュヴウイアほど発達しておらず、つまり、「耳が良くはなかった」ことが指摘されています。

眼だけでも獲物を探すことはできますが、物陰に隠れた獲物を見つけることはできません。そこで、聴覚です。優れた耳で小さな音を捉えることで、視覚では発見できなかった獲物を、より効率的に狩ることができます。チョイニエールさんたちは、アルバレズサウルス類では、進化によって〝夜間の狩り〟に対する能力が高まっていった可能性があると指摘しています。

優れた眼と耳を頼りに夜でも獲物の位置を把握して、前あしを使って「掘り出して」捕える、というような行動は、現代の哺乳類でもよくみられます。チョイニエールさんたちは、こうした現在の哺乳類のような〝夜間行動〟を、白亜紀の恐竜類がすでにおこなっていたと考えています。

Story

高音の子、低音の親

鬱蒼と茂る樹々の幹や枝葉が、動物たちの視界を遮っている。その深緑の景色のなかを横切るように、いくつもの小川が流れている。

風が揺らす枝葉の音と小川のせせらぎ。心地よさを感じる場面ではあるが、その恐竜にはそんな余裕はないかもしれない。

樹木の間を縫うように、その恐竜は歩いていた。

四足をつき、尾をピンと張って歩く。首はさほど長くはない。顔つきは独特で、口に平たいクチバシがあり、頭頂部には後方に向かって伸びる細長いトサカがある。

何かを探すように、その恐竜はきょろきょろと周囲を見回している。立ち止まり、首を上下に動かし、あるいは、左右に振る。

しかしこの森では、遠方を見通すことは難しい。数歩動いては、幹の後ろや倒木の影を覗き込む。

高い音が聞こえた。

この森では、その音は遠くまでは届かない。

しかし、ようやく、その音が、その恐竜の耳に届いた。耳をすませるかのように、その恐竜は動きを止める。

再び高い音。今度は先ほどよりも大きい。

その恐竜はその音の方向へと歩いていく。枝葉がうろこに触れる。

三度、高い音がした次の瞬間、その恐竜は、幹の影にしゃがむ小さな恐竜を見つけた。その恐竜をそのままサイズダウンしたような姿だ。ただし、トサカはぐっと小さい。

親子だろうか。再会に安心したかのように、小さな恐竜が大きな恐竜へと寄っていく。大きな恐竜も、そのクチバシの先で軽く小さな恐竜を触る。

一通り互いを確認したのち、今度は大きな個体――親恐竜が音を出す。

よく見ると、口を開けていない。……となれば、この音は、「声」ではないのかもしれない。先ほどの「高い音」も、小さな個体――子恐竜の「声」ではなかったのかもしれない。

親恐竜の音は低い。肌に圧を感じさせるような、低い音が森の中に響いていく。子恐竜の高音とちがい、親恐竜の低音はより遠くへ伝わっていく。

どこまで音が届いたのだろうか。

数秒後、同じような低音が樹木の遠い向こうから聞こえてきた。ひとつではなく、合奏するかのように、低音が森の中に響き渡る。

親恐竜もその音に応え、再び低音を発す。

そして、親子は森の奥へと歩みを進めていった。

Commentary

音を出す恐竜

舞台は、白亜紀後期の北アメリカです。当時、世界はとても温暖で、現在とはさほど変わらない温帯性の森林が各地に広がっていました。

その森林で暮らす恐竜のなかに、「音」を使ってコミュニケーションをとっていたとみられるものがいくつかいます。物語の主役である「パラサウロロフス（*Parasaurolophus*）」は、そんな恐竜たちの代表的な存在です。白亜紀後期の北アメリカに生息していました。

パラサウロロフスは、全長7・5メートルほどの大型の恐竜です。「鳥脚類（ちょうきゃくるい）」という植物食恐竜のグループに属しています。ちなみに、このグループは、名称にこそ「鳥」を使いますが、鳥類との関係はありません。

パラサウロロフスは、大きなツノも、背中を覆う骨の鎧も、尾の先の棍棒もありません。しかし、本文でも触れたように、後頭部に棒状に伸びる骨製の〝トサカ〟がありました。このトサカがパラサウロロフスのトレードマークです。

1981年、ペンシルヴァニア大学（アメリカ）のデイビッド・B・ワイシャンペルさんは、このトサカを分析した結果を発表しています。ワインシャンペルさんは、パラサウロロフスのトサカの内部が空洞になっており、その空洞が鼻腔とつながっている点に注目しました。そして、この空洞に空気を送り込むことで、低い音を出すことができると分析しています。

低い音は、場所によらず、遠方まで届きます。この低い音によって、パラサウロロフスは離れた場所の仲間ともコミュニケーションをとることができた可能性が指摘されています。

学名：パラサウロロフス
（*Parasaurolophus*）
化石産地：アメリカ，カナダ
サイズ：7.5m
主な参考論文：
Weishampel（1981），
Evans *et al.*（2009）

もっとも、どれだけ遠くまで届こうとも、その音を聴き取る能力がなければ、意味がありません。音を使ったコミュニケーションをおこなうためには、「発する能力」と「聞き取る能力」の両方が必要です。

この点については、2009年にロイヤル・オンタリオ博物館のでデイビッド・C・エヴァンスさんたちが、パラサウロロフスの近縁種の耳の骨を分析した研究結果があります。エヴァンスさんたちの分析によれば、パラサウロロフスの近縁種の耳は、低い音を聴くことができたそうです。この研究では、パラサウロロフス自体の耳に関しては分析されていませんが、近縁種と同じ能力があった可能性はあります。

一方、ワイシャンペルさんの研究では、パラサウロロフスの子どもは、まだおとなほど空洞が発達しておらず、そのために、おとなほど低い音を出すことができなかったとも、指摘されています。どうやら子どものパラサウロロフスの出す音は、おとなの出す音よりも高い音だったようです。

つまり、パラサウロロフスは、音の高低で仲間の年齢を区別していた可能性があります。

もっとも、高い音は低い音ほど遠くまでは届きません。森林のような場所ではなおさらです。

今回の物語は、森の中で迷子になった子を懸命に探す親たち、という場面を想定しています。迷子になった子の出す音はさほど届かず、親たちは聴覚には頼らずに探すしかありません。しかし、無事に見つけることができれば、遠方で探す仲間たちに、親自身の低い音でそのことを知らせることはできたはずです。ただし、実際にパラサウロロフスの親子の化石が発見されているわけではない、という点に注意が必要です。パラサウロロフスが「親子」という単位で行動することがあったのか、そもそも複数で行動することがあったのかさえも、よくわかっていません。

あくまでも想像ですが、この物語には先があります。いずれ、子は親離れをすることになります。そのときは、子がいくら音を出しても、親は探してくれはしないでしょう。「親離れ」は、多くの野生動物が経験する〝一大イベント〟です。その森に響く音は、果たしてどのような音色だったのでしょうか?

Story

走るのは苦手

その森には、ヤシがあり、イチジクがあり、ブドウがあった。

鬱蒼と茂る樹木の間から陽光が差し込み、十分な明るさがある。上も緑、横も緑、下も緑。そんな空間である。

時々やってくる穏やかな風が、さまざまな匂いを混ぜ込んで過ぎていく。

やや開けた空間で、足下の植物の葉を食べる恐竜がいる。

樹木の間を通り抜けることがやっとという巨体のそれは、四足で歩く。左右の眼の上に大きなツノが発達し、鼻の上にも1本の小さなツノがあった。後頭部は平たく広がっていて、まるでフリルのようだ。正面からみれば、3本のツノがこちらを向いており、大きなフリルが背中を完全に隠している。

その恐竜は1頭だけで、ゆっくりと植物を食べ続ける。

風が運んでくる匂いのなかには、熟れた果実の匂いもあった。栄養価の高そうなその匂いを、しかしその恐竜は気に掛けるでもなく、ただひたすらに足下の葉を食している。

ふと、その恐竜の半分もない小型の恐竜が、脇を駆け抜けていった。二足歩行で、前傾姿勢。頭部がヘルメットのように丸い形の恐竜である。

何か焦ったような、そんな切迫感を感じさせながら、1頭、また1頭と、葉を食む恐竜の周囲を通過する。

数秒後、その〝小型恐竜〟を追うように、幼い肉食恐竜が出現した。からだのわりにはやや大きな頭部をもち、二足歩行。前あしは小さく、その先にある指は2本だけだ。その肉食恐竜は、悠然と食事を続ける恐竜を見て、一瞬立ち止まる。そして、探るようにその脇をゆっくりと歩いた。

幼い恐竜にとって、自分よりもはるかに大きな恐竜である。「肉食」の獲物とするにはリスクが大きい。

そう判断したのか、やがて幼い肉食恐竜は、先に逃げた〝小型恐竜〟を追うように姿を消した。

森を舞台とした生存競争。追う・追われる、喰う・喰われるの関係。

まさにその場面に遭遇したのにもかかわらず、その恐竜は我関せずで食事を続ける。

やがて、低い声が森の奥から聞こえてきた。

ここで初めて、その恐竜は反応する。食事をやめ、ゆっくりと周囲の様子を探る。そうしているうちに、また低い声が聞こえた。

ほぼ同じ階調の声を自分も発する。そして、のっしりと歩きはじめた。

低い声は、仲間の声だ。警告音である。

警告音が届いたけれども、急いで逃げることはしない。

いや、その恐竜は急いで逃げることが苦手だった。下手に急げば〝酔って〟しまう。そうなれば、肉食動物の格好の獲物だ。幼い恐竜でも、はたして、酔った自分を見て、先ほどのように普通に（何もせずに）通過していくだろうか。

だから酔わない程度のゆっくりとした速度で、とりあえず、開けた場所から逃げる。風下の森の中へ移動すれば、この鬱蒼とした森ではそう簡単に見つけられまい。実際、その恐竜は、今までそうして生きてきたのだ。

しばらくして……その開けた場所には、肉食恐竜の帝王が現れた。

Commentary

走るのは苦手だった角竜

「四足で歩き、左右の眼の上に大きなツノが発達し、鼻の上にも1本の小さなツノがあり、後頭部は平たく広がっていて、まるでフリルのようになっている植物食の恐竜」といえば……、そう、「トリケラトプス（*Triceratops*）」です。

恐竜にさほど興味がない人でも、おそらくこの恐竜の名前はご存知でしょう。そして、おそらく、多くの人々がおおよその姿を思い浮かべることができるのではないか、と思います。かの有名な暴君竜と並んで、圧倒的知名度のある恐竜といえるはずです。

そんなトリケラトプスは、「角竜類（つのりゅうるい）」と呼ばれる植物食の恐竜グループに属しています。このグループは白亜紀前期に登場し、その後、白亜紀末にかけて大いに栄えました。トリケラトプスは、そんな角竜類のなかでも最も進化的なもののひとつです。

トリケラトプスの大きなものの全長は8メートルに達し、体重は9トンに達したと見積もられています。全長13メートル級の暴君竜と比較して描かれることが多いので、サイズ感が麻痺しているかもしれませんが、「全長8メートル、体重9トン」という大きさは、かなりの巨体です。

参考までに、現在の地上世界で「大型哺乳類」の代名詞ともいえるアフリカゾウ（*Loxodonta africana*）の大きさが、大きな個体で頭胴長約7・5メートル、体重約6トンです。そうです。トリケラトプスはアフリカゾウよりも大きいのです。

舞台は、森の中です。トリケラトプスの暮らしていた場所には、現在の温帯にあるような森林が広がっていたとみられています。

今回の物語は、福井県立大学の坂上莉奈さんと、本書の協力者のひとりでもある河部壮一郎さんが2020年に発表した研究をベースとしています。

坂上さんと河部さんは、トリケラトプスの脳函（のうかん）をCTスキャンで分析しました。

「脳函」とは、脳が入っている骨のケースのことです。

学名：トリケラトプス（*Triceratops*）
化石産地：アメリカ，カナダ
サイズ：8m
主な参考論文：
Sakagami and Kawabe（2020）

脳自体は、化石には残りにくい軟らかい組織でできています。そのため、これまでにトリケラトプスの脳そのものが発見されたことはありません。しかし、脳函の中にある〝脳が収まっていた空洞〟は、脳の形状を概ね反映しているとみられており、脳函の内部の形を調べることで、脳の形も推測することができます。脳函は、頭骨の奥にあるために頭骨を壊さないと見ることはできませんが、X線を使うCTスキャンでは頭骨を透かして、その形を知ることができます。

坂上さんと河部さんの分析の結果、トリケラトプスの脳では、嗅覚を司る嗅球(きゅうきゅう)という部分が、その体格に比べて小さいことがわかりました。このことから、トリケラトプスの嗅覚は、さほど優れていなかったことが示されました。物語において「熟れた果実の匂い」に鈍感であったという〝設定〟は、この分析結果に基づくものです。

また、耳のつくりに関しても分析がおこなわれています。耳をつくる骨を調べると、どのくらいの周波数の音を聴くことが得意だったのかがわかります。また、耳にはからだのバランスを司る働きもあるため、首の角度を知る手がかりにもなります。

分析の結果、トリケラトプスは低い周波数の音（つまり、低い音）を聴き取りやすく、また、口を地面に向けた角度が〝安定する姿勢〟だったことが示されました。この姿勢のトリケラトプスを正面から見ると、フリルとツノがちょうど正面を向きます。このことは、威嚇や異性へのアピールに適していたのかもしれません。

また、こうした調査の結果、視線を安定させる能力が低かったこともわかりました。視線が安定しにくいということは、激しい動きが苦手だったということにつながります。

なお、同じ角竜類でも、原始的で小型の種の嗅覚はトリケラトプスよりも優れていて、機敏性もトリケラトプスより高かった可能性もあわせて指摘されています。角竜類は進化によって嗅覚が弱くなり、鈍重になったのかもしれません。

物語で、小型の恐竜たちが逃走・追撃をしていることに対し、無関心のように振る舞っているのは、こうした分析結果とトリケラトプスのからだの大きさをベースにしています。トリケラトプスは機敏に動くことが苦手ならば、こうした小型種たちと素早さを競うような闘いをすることはなかったでしょう。そもそも、なにしろアフリカゾウよりも大きなからだをしているので、肉食恐竜もそう簡単には襲うことはなかったと想像できます。自然界では「大きさ」は、基本的には「強さ」に直結しますので、うかつに攻撃すれば、いかに相手が機敏に動けないとはいえ、自分の生命が危なくなるかもしれません。

ちなみに、トリケラトプスの化石は、少なくとも成体のものは、群れで発見されたものは知られていません。そのため、少なくとも成長後は、単独行動をしていたとみられています。森の中で離れた場所で暮らす仲間たちが声で交流するには、低周波の音は向いています。高周波の音と比べると、低周波の音は森の中でも遠くまで聞こえるからです。

そして、物語において、そんなトリケラトプスが逃げるほどの強者といえば、肉食恐竜の帝王、暴君竜、ティラノサウルス（*Tyrannosaurus*）です。いかに機敏に動くことが苦手で自分が巨体であるとはいえ、その巨体を上回るティラノサウルスだけは苦手だったはず。そんな推測のもとに「仲間の警告音をもとに逃げる」という設定を加えました。

“最後の恐竜”たち

絶滅を促した大事件立ち会った恐竜とは?

恐竜類は、中生代の白亜紀末——今から約6600万年前に滅びました。この大事件を生き延びたのは、恐竜類の1グループとして進化した鳥類だけです。

では、大事件の“直前の地球”にはどのような恐竜が生きていたのでしょうか? 実は、これが難問です。なにしろ、約6600万年前の事件を記録した地層は少なからずありますが、その直下に恐竜化石を伴う地層はとても少ないからです。地層は、長い時間をかけてつくられるので、大事件の1メートルほど下の地層であっても、場合によっては大事件から数百万年以上も前のものかもしれません。

そうした数少ない情報のなかで、「おそらく絶滅直前の恐竜である可能性が高い」とされているのは、例えばティラノサウルス、トリケラトプス、エドモントサウルスの3種類。少なくとも、この恐竜たちは、約6600万年前の大事件に“立ち会った可能性”が高い、といわれています。

Story

帝王の子育ては、顎先で

その森には、ヤシがあり、イチジクがあり、ブドウがあった。

鬱蒼と茂る樹木の間から陽光が差し込み、十分な明るさがある。上も緑、横も緑、下も緑。そんな空間である。

時々やってくる穏やかな風が、さまざまな匂いを混ぜ込みながら過ぎていく。

その恐竜は、「帝王」と呼ばれる存在だ。

森の中で暮らす他の恐竜たちを圧倒する巨体。とくに頭部は大きく、幅広で高さもあり、顎はがっしりとしていて、口には太い歯が並ぶ。

どっしりとした図体は、太い2本のあしで支

えられている。不自然なほどに小さな前あしは、この恐竜のチャームポイントといえるかもしれない。後方に、これまた太い尾を伸ばし、バランスをとりながら歩いている。

帝王は、今、あからさまに落ち着いていない。

「そわそわ」といえば、良いのだろうか。

クンクンと風の匂いをかぎ、他の動物の匂いが混ざっていないのか……他の動物が接近していないのかを頻繁に確認している。

ギョロリとした眼をキョロキョロと動かして、頭部も左右に振って、樹木の間に他の動物が近づいていないかどうかを確認する。

帝王たる彼女は、もちろん肉食性だ。この森の生態系に君臨する圧倒的強者である。

でも、そんな彼女が、どことなく不安そうで、怯えているように見える。

小さな声が……した気がした。

彼女のあしもとを見ると、少し盛り上がった場所に、小さな卵が複数ある。

その卵のいくつかが……震えていた。どうやら赤ちゃんが、内側から殻を割ろうとしているらしい。

助けてやりたい。

しかし、彼女は大きすぎる。その巨体ゆえに、万が一のことがあると、我が子ごと卵を潰してしまう。それだけは避けたい。

恐る恐る……。そう。帝王が「恐る恐る」と下顎（あご）を卵に近づけていく。

帝王だろうが、生態系下層の弱者だろうが、我が子への愛情と不安には大きな差はない。

近づき、近づくと……彼女の眼では、卵の位置を捉えることができない。今や卵は揺れ始めている。目視できない彼女がどうやって、孵化を助けるのか。

そっと、

撫でるように、

絶妙な強さで、

彼女は下顎で卵に触れた。その接触がきっかけだったのか、卵が割れ、赤ちゃんが顔を出す。

空気が緩和した。孵化成功だ。

再び、ゆっくりと、

撫でるように、

絶妙な強さで、

彼女は下顎で赤ちゃんに触れる。その表情を読むことはできないけれども、纏う雰囲気は明らかに「ほっ」としたものに変わった。

Commentary

発達した神経

舞台は、白亜紀末期の北アメリカです。温帯性の森林が各地に広がっていました。

物語の主人公は、恐竜で「帝王」といえば……もちろん、「ティラノサウルス（*Tyrannosaurus*）」です！　全長13メートルの巨体は、すべての肉食恐竜と比べて「最大」とまではいかなくても「最大級」。体重は6トンとも、9トンともされています。その大きな顎が生み出す「かむ力」は、史上「最強」とはいかなくても、「最強級」だったことは確実。一方で小さな前あしも特徴のひとつです。この小さな前あしの役割については、よくわかっていません。

よくわかっていない……といえば、ティラノサウルスの幼体や赤ちゃん、卵の情報もほとんどわかっていません。

2004年にフロリダ州立大学（アメリカ）のグレゴリー・M・エリクソンさんたちは、あるティラノサウルスの化石の年輪を調べた研究を発表しています。

学名：ティラノサウルス
（*Tyrannosaurus*）
化石産地：アメリカ，カナダ
サイズ：13m
主な参考論文：Erickson *et al.*（2004），Kawabe and Hattori（2022）

年輪といえば、一般的には樹木です。幹をスパッと切ると、その断面に「輪」の模様が見えます。この輪が「年輪」です。樹木の成長は1年を通して一定ではなく、速く成長するときと、ゆっくり成長するときがあります。ゆっくり成長したときに輪ができます。年輪は1年にひとつできるので、樹木の幹の断面にある年輪を数えれば、その樹木が何歳だったのかを知ることができます。また、年輪と年輪の間隔を調べれば、その1年でどれだけ成長したのかを知ることもできます。

そして、「骨」にも年輪があります。エリクソンさんたちは、ティラノサウルスの化石を裁断し、その年輪を数え、年輪と年輪の間隔を調べたのです。

エリクソンさんたちの研究では、対象となった個体は、28歳まで生きて、10代に急成長していたことが示されました。最も成長したときは、1年で767キログラムも大きくなったようです。

この急成長を逆の視点で考えると、いかに「最大級」のからだをもつティラノサウルスとはいえ、幼いときはかなり小さかったことがわかります。幼体や卵の化石は発見されてい

ないものの、他の恐竜たち（とくに近縁の肉食恐竜たち）と比べて、とくに大きな幼体や大きな卵ではなかった可能性は高いといえるでしょう。

物語は、そんなティラノサウルスの卵の孵化のシーンを想像したものです。重ねて書いておきますが、ティラノサウルスの卵や幼体の化石は発見されておらず、その子育ては謎のベールに包まれています。

一方、本書の協力者のひとりでもある福井県立大学の河部壮一郎さんと、同じく福井県立大学の服部創紀さんは、2022年にティラノサウルスの下顎の化石をCTスキャンで分析した結果を発表しました。

河部さんと服部さんの分析によると、ティラノサウルスの下顎の内部には、細かく枝分かれした管がたくさんあったそうです。そして、そこに神経がたくさん通っていた可能性が示されました。とくに顎先の神経は発達していたとのことです。

この研究では、ティラノサウルス以外にも数種類の恐竜の下顎のCTスキャンもおこなっています。そうした恐竜はティラノサウルスよりも神経が少なかったようです。

つまり、ティラノサウルスの下顎には、とりわけ神経が集中していた可能性があるとのことです。河部さんと服部さんは、このたくさんの神経によって、ティラノサウルスの下顎には鋭い〝触覚センサー〟があった可能性を指摘しています。下顎は、何かに「触る」ということに対して、とても敏感だったのかもしれません。

河部さんと服部さんは、現生のワニ類の下顎も調べています。その結果、ティラノサウルスの下顎の神経は、現生のワニ類と同程度だったことがわかりました。

現生のワニ類には、子育てに自分の顎を使うものがいることが知られています。卵の殻を割ることを手伝ったり、ときに、生まれたての幼体を口の中に入れて、その身を守ります。このあたりの情報を物語の参考としています。

河部さんと服部さんは、ティラノサウルスも巣作りや育児などに下顎を使っていた可能性を指摘しています。なにしろ、ティラノサウルスの前あしは小さすぎて、「手」で作業をすることができません。子育てなどをするためには、手の代わりに使える〝もの〟があると便利です。一見すると大きすぎて幼体を潰してしまいそうな頭部ですが、子育てという〝繊細な作業〟に向いていたのかもしれません。

この研究で調べられたのは、ティラノサウルスの下顎だけです。上顎の神経がどのようなものだったのかはわかっていません。今後の研究で、ティラノサウルスの頭部の繊細さがよくわかってくることでしょう。彼らには、私たちにはない感覚があったのかもしれません。

Story

恐竜時代のウタ

恐竜時代最末期。

南極大陸は、「大陸」として孤立した存在ではなかった。南アメリカ大陸、オーストラリア大陸と地続きであり、両大陸と歩いて交流することができた。

緯度は高い。だから、1年の半分は、かなり日が長かったし、残りの半分は暗い時間が長い。でも、当時の地球の平均気温は、20℃を超している。南極大陸にも植物は繁り、多くの動物たちが暮らしていた。

海岸近くの森林では、四足歩行で体高の低い恐竜たちが、植物の葉を喰んでいる。この恐竜は、四肢が短い割には、体の横幅があった。背には、骨片が並び、まるで鎧のようだ。尾は後方へスッと伸びる。

海を見ると、今日は風が弱い。波高は低く、穏やかだ。こんな日は、海鳥たちが海面に浮かんで翼を休め、そして、ときには海中に潜って、サカナを獲っている。

これといって、特徴のない海鳥だ。首が長いわけでも、短すぎるわけでもなく、翼が特段に大きいわけでもない。羽毛の色は、背中側が濃く、腹側が薄い。

この海鳥の名前を「ヴェガヴィス」という。

ヴェガヴィスの集まった海は、実に賑やかだ。

「クワッ」

「クワーッ」

「クワアクワグワッ」

「キューキュ」

「キュー」

「キューキュー」

高低の混ざった鳴き声が、海岸の岸壁にこだまする。会話をしているのか、それとも、合唱の練習でもしているのだろうか。

ひょっとしたら、「この下に、獲物の群れが来ているぞ」と、仲間たちに知らせているのかもしれない。

鳴き、そして、潜り、捕獲して、浮上。そして、食べる。

サカナたちにとっては、迷惑を通り越して、恐ろしい状況だろう。

でも、海面の景色を見ていると、見ていて飽きない。

「クワッ」

また、どこからともなくヴェガヴィスがやってきて、着水する。

幸い、この海域に、ヴェガヴィスを水中から襲うような、大型の海棲動物はいないらしい。穏やかに寄せて、帰る波に乗りながら、賑やかな時間が過ぎていく。

鳥類はいつからウタでコミュニケーションをしたのか

鳥類の歴史は、中生代ジュラ紀に始まりました。最古の鳥類として位置付けられている「始祖鳥」こと「アーケオプテリクス（*Archaeopteryx*）」は、ジュラ紀後期にあたる約1億5000万年の鳥類です。

その後、恐竜時代には多様な鳥類が出現していたことがわかっています。

一方、現生の鳥類は、その鳴き声によって、互いにコミュニケーションをとっていることが知られています。例えば、イェール大学（アメリカ）のリチャード・O・プラムさんの著書である『美の進化』では、いくつかの鳥類の鳴き声と仕草が、示威行動や求愛行動に関するものとしてまとめられています。

こうした鳥類のコミュニケーションが、いったいいつからおこなわれるようになったのか、それは大きな謎でした。なにしろ、「声」も「仕草」も化石には残らないからです。

物語の主人公である「ヴェガヴィス」は、学名を「*Vegavis*」と綴る鳥類です。発見されている化石は部分的なものですが、その部分的な化石から推測される全長は約40センチメートル、翼を広げたときの幅は約70センチメートルになり、「現生のガチョウぐらいの大きさ」と表現されます。

2016年、テキサス大学オースティン校（アメリカ）のジュリア・A・クラークさんたちは、ヴェガヴィスの化石のなかに「鳴管（めいかん）」が残っていることを発見、報告しました。

鳴管は、鳥類が発声する際に使う器官です。軟骨でできているために、めったに化石に残りません。クラークさんたちは、CTスキャンを使って詳しく調べて、その鳴管が現生鳥類のものとよく似ていることを明らかにしました。

つまり、ヴェガヴィスは、現生の鳥類のように複雑で、賑やかな声（ウタ）によるコミュニケーションをとっていた可能性が示されたのです。

クラークさんたちのこの論文では、それまで鳴管が発見されていなかった理由についても触れられています。

鳥類は、その骨が飛行のために軽量化されているため、脆い。他の陸棲脊椎動物と比較すると化石に残りにくい傾向があるといわれています。実際、ジュラ紀と白亜紀の鳥類化石は多数報告されていますが、それでも、近縁の恐竜類と比べると、その数は多くはありません。

しかし「少数」とはいえ、化石は残っています。化石は残っているのに、鳴管が見つかっていないのです。近縁の恐竜類でも、鳴管が見つかった例はこれまでにありません。

ヴェガヴィスの化石は、恐竜時代の最末期にあたる約6600万年前の地層から発見されました。始祖鳥の時代から9000万年以上の歳月が経過しています。クラークさんたちは、この頃になってようやく、鳥類は十分な発声能力を獲得したのではないか、と指摘しています。恐竜時代の大半で、ひょっとしたら鳥類のウタを聴くことはなかったのかもしれません。

なお、本文中で言及した気温は、ノースウェスタン大学（アメリカ）のクリストファー・R・スコテーゼさんたちが発表した研究にもとづいています。ヴェガビスの化石は南極大陸から発見されていますが、当時の南極大陸には現在とはずいぶん

学名：ヴェガヴィス（*Vegavis*）
化石産地：南極大陸
サイズ：40cm
主な参考論文：
Clarke *et al.*（2016）

異なる世界が広がっていました。恐竜類の化石もいくつも見つかっています。

あいにく、現在の南極大陸の大部分は厚い氷の下にあります。しかし、その氷の下にある地層を詳しく調べて、ヴェガヴィスのような鳥類の化石をたくさん見つけることができれば、恐竜時代の鳥類たちのウタについて、より多くのことがわかるかもしれませんね。

おわりに

古生物を楽しむ生活を

さあ、次は何を読みますか？　どこへ行きますか？

古生物の〝生き様〟をあつかった18話、いかがでしたでしょうか？　ぜひ、続いて他の古生物本を開いたり、博物館を訪ねたりして、さまざまな古生物の世界に浸ってみてください。

本書を制作するにあたり、無脊椎動物は熊本大学の田中源吾さんに、脊椎動物は福井県立大学恐竜学研究所の河部壮一郎さんに、それぞれご協力いただきました。紹介すべき論文の相談から、イラスト、原稿の科学的事項のチェックまで、お忙しいなか、本当にありがとうございます。

世界観を感じさせる素晴らしいイラストは、ツク之助さんの作品です。ツク之助さん、ありがとう。私の著作でも、ツク之助さんのイラストは増えましたね。今後もよろしくお願いいたします。

デザインは、西川雅樹さん。世界観の演出に、良いデザインは欠かせないですね。

妻（土屋香）には、初稿段階で、さまざまな指摘をもらいました。

編集は、伊勢出版の伊勢新九朗さんと、技術評論社の大倉誠二さん。伊勢さんとは、出版社を跨いで多くの本を上梓させていただいております。大倉さんは、「技術評論社の土屋の本といえば、この人！」という編集さんです。

その他にも、多くの人々の力が結集し、今回も上梓となりました。みなさん、おつかれさまでした。営業さん、書店さん、関係皆々様、よろしくお願いします。

そして、最後になりましたが、もちろん、ここまでお読みいただいたあなたに特大の感謝を捧げたいと思います。本当にありがとうございます。

上がり続ける物価、安心できない世情……。相変わらず私たちを取り巻く世界は、けっしてすべてが楽しいものではありません。そのなかで、本書を手に取っていただいた皆様に、心より「ありがとうございます」と伝えたいと思います。

このような世界だからこそ、古生物学は、科学を科楽する一助になると思います。少しでも、みなさんの知的好奇心を刺激できたのでしたら、うれしいです。

筆者

もっと詳しく知りたい 読者のための参考資料

本書を執筆するにあたり，とくに参考にした主要な文献は次の通り。なお，邦訳があるものに関しては，一般に入手しやすい邦訳版をあげた。また，webサイトに関しては，専門の研究機関もしくは研究者，それに類する組織・個人が運営しているものを参考とした。Webサイトの情報は，あくまでも執筆時点での参考情報であることに注意。

※本書に登場する年代値は，とくに断りのないかぎり，
International Commission on Stratigraphy, 2023/06, INTERNATIONAL STRATIGRAPHIC CHART
を使用している

※なお、本文中で紹介されている論文等の執筆者の所属は、とくに言及がない限り、その論文の発表時点のものであり、必ずしも現在の所属ではない点に注意されたい。

一般書籍

『カラー図説 生命の大進化40億年史 中生代編』監修：群馬県立自然史博物館，著：土屋 健，2023年刊行，講談社

『恐竜』著：シルヴィア・J・ツェルカス，スティーヴン・A・ツェルカス，1991年刊行，河出書房新社

『恐竜・古生物ILLUSTRATED』2010年刊行，Newton Press

『グレゴリー・ポール 恐竜事典 原著第2版』著：グレゴリー・S・ポール，2020年刊行，共立出版

『機能獲得の進化史』監修：群馬県立自然史博物館，著：土屋 健，2021年刊行，みすず書房

『講談社の動く図鑑 MOVE は虫類・両生類』監修：矢部 隆，加藤英明，2013年刊行，講談社

『小学館の図鑑 NEO［新版］水の生物』監修：上田恵介,指導・執筆：柚木修,画：水谷高英ほか，2015年刊行，小学館

『小学館の図鑑 NEO 鳥』監修：上田恵介，指導・執筆：柚木 修，画：水谷高英ほか，2002年刊行，小学館
『小学館の図鑑 両生類・はちゅう類』指導・執筆：松井正文，疋田 努，太田英利，撮影：松橋利光，前田憲男，関慎太郎ほか，2004年刊行，小学館
『ゼロから楽しむ古生物 姿かたちの移り変わり』監修：芝原暁彦，著：土屋 健，イラスト：土屋 香，2021年刊行，技術評論社
『前恐竜時代』監修：佐野市葛生化石館，著 土屋 健，絵：かわさきしゅんいち，2022年刊行，ブックマン社
『地球生命 無脊椎の興亡史』監修：田中源吾，栗原憲一，椎野勇太，中島 礼，大山 望，著：土屋 健，2023年刊行，技術評論社
『白亜紀の生物 下巻』監修：群馬県立自然史博物館，著：土屋 健，2015年刊行，技術評論社
『THE RISE OF ANIMALS』著：Mikhail A. Fedonkin, James D. Gehling, Katheleen Grey, Guy M. Narbonne, Patricia Vickers-Rich，2007年刊行，The Johns Hopkins University Press

雑誌記事

『The Lifestyles of the Trilobites』著：Richard A. Fortey，American Scientist, vol.92, p445-453, 2004年刊行

企画展図録

恐竜博2019，国立科学博物館

WEBサイト

クシクラゲ 海を漂うネオン | ナショジオ，ナショナル ジオグラフィック TV，https://youtu.be/A8a0rxtBrK8
鳴く虫の図鑑，所沢市教育研究会理科部会，http://www.tokorozawa-stm.ed.jp/center/kiz_tokorozawa/Nakumusi2001/naku2/index.htm
日本初の嚢頭類（のうとうるい）化石を南三陸町で発見!，東北大学総合学術博物館，http://www.museum.tohoku.ac.jp/exhibition_info/mini/thylaco.html
Archaboilus musicus, drddazzle, https://youtu.be/OsHRi_U9HSQ

学術論文など

Alan D. Gishlick, Richard A. Fortey, 2023, Trilobite tridents demonstrate sexual combat at 400 Mya, PNAS, vol.120, no.4, e2119970120, https://doi.org/10.1073/pnas.2119970120

Andrey Ivantsov, Aleksey Nagovitsyn, Maria Zakrevskaya, 2019, Traces of Locomotion of Ediacaran Macroorganisms, Geosciences, 9, 395; doi:10.3390/geosciences9090395
Brandt M. Gibson, Imran A. Rahman, Katie M. Maloney, Rachel A. Racicot, Helke Mocke, Marc Laflamme, Simon A. F. Darroch, 2019, Gregarious suspension feeding in a modular Ediacaran organism, Sci. Adv., 5, eaaw0260
Christopher R. Scotese, Haijun Song, Benjamin J.W. Mills, Douwe G. van der Meer, 2021, Phanerozoic paleotemperatures: The earth's changing climate during the last 540 million years, Earth-Science Reviews, 215, 103503
Denis Audo, Ninon Robin, Javier Luque, Michal Krobicki, Joachim T Haug, Carolin Haug, Clément Jauvion, Sylvain Charbonnier, 2019, Palaeoecology of *Voulteryon parvulus* (Eucrustacea,Polychelida) from the Middle Jurassic of La Voulte-sur-Rhône Fossil-Lagerstätte (France).Scientific Reports, 9, p5332, 10.1038/s41598-019-41834-6, hal-02547482
David B. Weishampel, 1981, Acoustic analyses of potential vocalization in lambeosaurine dinosaurs (Reptilia: Ornithischia), Paleobiology,7(2), p252-261
David C. Evans, Ryan Ridgely, Lawrence M. Witmer, 2009, Endocranial Anatomy of Lambeosaurine Hadrosaurids (Dinosauria: Ornithischia): A Sensorineural Perspective on Cranial Crest Function, THE ANATOMICAL RECORD, 292, p1315–1337
Giannis Kesidis, Ben J. Slater, Sören Jensen, Graham E. Budd, 2019, Caught in the act: priapulid burrowers in early Cambrian substrates, Proc. R. Soc. B, 286: 20182505, http://dx.doi.org/10.1098/rspb.2018.2505
Gregory M. Erickson, Peter J. Makovicky, Philip J. Currie, Mark A. Norell, Scott A. Yerby,Christopher A. Brochu, 2004, Gigantism and comparative life-history parameters of tyrannosaurid dinosaurs, Nature, vol.430, p772-775
Jean Vannier, Brigitte Schoenemann, Thomas Gillot, Sylvain Charbonnier, Euan Clarkson, 2016, Exceptional preservation of eye structure in arthropod visual predators from the Middle Jurassic, Nature Communications, 7:10320, DOI: 10.1038/

ncomms10320
Jean Vannier, Muriel Vidal, Robin Marchant, Khadija El Hariri, Khaoula Kouraiss, Bernard Pittet,Abderrazak El Albani, Arnaud Mazurier, Emmanuel Martin, 2019, Collective behaviour in 480-millionyear-old trilobite arthropods from Morocco, Scientific Reports, 9:14941, https://doi.org/10.1038/s41598-019-51012-3
John R. Horner, Mark B. Goodwin, Nathan Myhrvold, 2011, Dinosaur Census Reveals Abundant *Tyrannosaurus* and Rare Ontogenetic Stages in the Upper Cretaceous Hell Creek Formation (Maastrichtian), Montana,
USA. PLoS ONE, 6(2): e16574. doi:10.1371/journal.pone.0016574
John R. Paterson, Gregory D. Edgecombe, Diego C. García-Bellido, 2020, Disparate compound eyes of Cambrian radiodonts reveal their developmental growth mode and diverse visual ecology, Sci. Adv., 6:eabc6721
Jonah N. Choiniere, James M. Neenan, Lars Schmitz, David P. Ford, Kimberley E. J. Chapelle, Amy M. Balanoff, Justin S. Sipla, Justin A. Georgi, Stig A. Walsh, Mark A. Norell, Xing Xu, James M.Clark, Roger B. J. Benson, 2021, Evolution of vision and hearing modalities in theropod dinosaurs, Science, vol.372, p610-613
Julia A. Clarke, Sankar Chatterjee, Zhiheng Li, Tobias Riede, Federico Agnolin, Franz Goller, Marcelo P. Isasi, Daniel R. Martinioni, Francisco J. Mussel, Fernando E. Novas, 2016, Fossil evidence of the avian vocal organ from the Mesozoic, Nature, vol.538, p502-505
Jun-Jie Gua, Fernando Montealegre-Zb, Daniel Robertb, Michael S. Engela,c, Ge-Xia Qiaod, Dong
Rena, 2011, Wing stridulation in a Jurassic katydid (Insecta, Orthoptera) produced lowpitched musical calls to attract females, PNAS, vol.109, no.10. 3868-3873
K. A. Sheppard, D. E. Rival, J.-B. Caron, 2018, On the Hydrodynamics of Anomalocaris Tail Fins,Integrative and Comparative Biology, vol.58, no.4, p703-711
K. D. Angielczyk, L. Schmitz, 2014, Nocturnality in synapsids predates the origin of mammals by over 100 million years, Proc. R. Soc. B, 281: 20141642, http://dx.doi.org/10.1098/rspb.2014.1642

Luke A. Parry, Rudy Lerosey-Aubril, James C. Weaver, Javier Ortega-Hernández, 2021, Cambrian comb jellies from Utah illuminate the early evolution of nervous and sensory systems in ctenophores, iScience, 24, 102943

M. A. Fedonkin, A. Simonetta, A. Y. Ivantsov, 2007, New data on Kimberella, the Vendian mollusclike organism (White Sea region, Russia): palaeoecological and evolutionary implications, Geological Society, London, Special Publications, vol.286, p157-179

Nizar Ibrahim, Paul C. Sereno, Cristiano Dal Sasso, Simone Maganuco, Matteo Fabbri, David M.
Martill, Samir Zouhri, Nathan Myhrvold, Dawid A. Iurino, 2014, Semiaquatic adaptations in a giant predatory dinosaur, Science, vol.345, p1613-1616

Paul C. Sereno, Jeffrey A. Wilson, Lawrence M. Witmer, John A. Whitlock, Abdoulaye Maga,
Oumarou Ide, Timothy A. Rowe, 2007, Structural Extremes in a Cretaceous Dinosaur, PLoS ONE, 2(11): e1230., doi:10.1371/journal.pone.0001230

Paul C. Sereno, Nathan Myhrvold, Donald M. Henderson, Frank E. Fish, Daniel Vidal, Stephanie L.
Baumgart, Tyler M. Keillor, Kiersten K. Formoso, Lauren L. Conroy, 2022, *Spinosaurus* is not an aquatic dinosaur, eLife 11:e80092. https://doi.org/10.7554/eLife.80092

R. Fortey, 2014, The palaeoecology of trilobites, Journal of Zoology, vol.292, p250–259

Richard Fortey, Brian Chatterton, 2003, A Devonian Trilobite with an Eyeshade, Science, vol.301,p1689

Rina Sakagami, Soichiro Kawabe, 2020, Endocranial anatomy of the ceratopsid dinosaur *Triceratops* and interpretations of sensory and motor function, PeerJ, 8:e9888, http://doi.org/10.7717/peerj.9888

Ross P. Anderson, Victoria E. McCoy, Maria E. McNamara, Derek E. G. Briggs, 2014, What big eyes you have: the ecological role of giant pterygotid eurypterids, Biol. Lett., 10:20140412,http://dx.doi.org/10.1098/rsbl.2014.0412

Soichiro Kawabe, Soki Hattori, 2022, Complex neurovascular system in the dentary of *Tyrannosaurus*, Historical Biology, vol.34, no.7, p1137-1145

Sören Jensen, 1990, Predation by early Cambrian trilobites on infaunal worms - evidence from the Swedish Mickwitzia Sandstone, Lethaia, vol.23, p29-42, Oslo, ISSN 0024-1164

Victoria E. McCoy, James C. Lamsdell, Markus Poschmann, Ross P. Anderson, Derek E. G. Briggs,2015, All the better to see you with: eyes and claws reveal the evolution of divergent ecological roles in giant pterygotid eurypterids, Biol. Lett., 11: 20150564, http://dx.doi.org/10.1098/rsbl.2015.0564

索　引

あ行

か行

さ行

た行

な行

は行

ま行

や行

や行

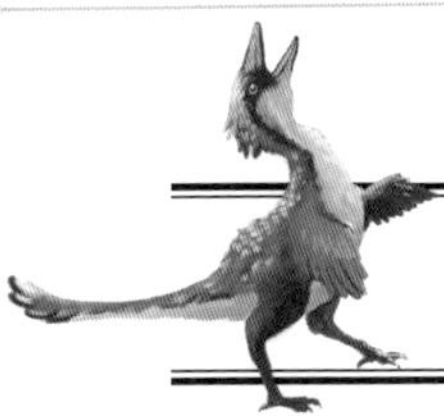

制作陣プロフィール

【著者】土屋 健

サイエンスライター。オフィス ジオパレオント代表。日本地質学会員。日本古生物学会員。日本文藝家協会員。埼玉県出身。金沢大学大学院自然科学研究科で 修士（理学）を取得（専門は、地質学、古生物学）。その後、科学雑誌『Newton』の編集記者、部長代理を経て、現職。愛犬たちと散歩・昼寝を日課とする。2019年にサイエンスライターとして史上初となる日本古生物学会貢献賞を受賞。近著に『古生物出現!空想トラベルガイド』（早川書房）、『も～っと! 恐竜・古生物ビフォーアフター』（イースト・プレス）、『地球生命 無脊椎の興亡史』（技術評論社）など。なお、本書の英副題は『シートン動物記』へのオマージュ。

【絵】ツク之助

サイエンスイラストレーター。爬虫類や古生物を中心に、生物全般のイラストを描く。イラストを担当した書籍に『ディノペディア　Dinopedia』（誠文堂新光社）、『恋する化石』（ブックマン社）、『僕とアンモナイトの一億年冒険記』（イースト・プレス）、『ドラえもん はじめての国語辞典 第二版』（小学館）。著書に、絵本『トカゲくんのしっぽ』、『フトアゴちゃんのパーティー』（ともにイースト・プレス）がある。バンダイの爬虫類カプセルトイシリーズも展開。

【協力／無脊椎動物】田中源吾

1974年生まれ。熊本大学くまもと水循環・減災研究教育センター准教授。専門は古生物学。島根大学卒業後、静岡大学大学院理工学研究科で博士（理学）を取得。金沢大学、京都大学、レスター大学の研究員、群馬県立自然史博物館学芸員、海洋研究開発機構、熊本大学合津マリンステーション、金沢大学国際基幹教育院を経て現職。驚異的な保存状態の化石から生物進化の謎に取り組んでいる。監修に『アノマロカリス解体新書』（ブックマン社）、『ダーウインが来た!生命大進化 第1集』（日経ナショナルジオグラフィック）など。

【協力／脊椎動物】河部壮一郎

1985年、愛媛県生まれ。福井県立大学恐竜学研究所准教授、福井県立恐竜博物館研究員。専門は脊椎動物の比較形態学。特に、鳥類を含む恐竜や哺乳類の脳などの神経系や感覚器形態について。東京大学大学院理学系研究科博士課程修了後、岐阜県博物館学芸員を経て現職。

【編集】株式会社 伊勢出版

エンタメから趣味・実用まで、多岐にわたるさまざまなジャンルの本を手掛ける編集プロダクション。古生物関連では、土屋健著による書籍『ああ、愛しき古生物たち-無念にも滅びてしまった彼ら-』、『日本の古生物たち』、『パンダの祖先はお肉が好き!?-動物園から広がる古生物の世界-』、『生きた化石図鑑』（いずれも笠倉出版社）、『こっそり楽しむうんこ化石の世界』（技術評論社）などを担当。

【編集後記】

「恐竜版の『シートン動物記』を読んでみたい」

そんな思いがきっかけとなり、本書は誕生しました。

著者は、科学的な裏付けをもとに〝味〟という側面から古生物を多角的に考察した『古生物食堂』(技術評論社)や、もしも古生物たちが現代によみがえったらをテーマに綴った『古生物出現! 空想トラベルガイド』(ハヤカワ新書)など、斬新な手法で古生物たちの魅力を発信し続けるサイエンスライター・土屋健さん。本書も、〝古生物たちの五感〟に注目し、彼らが何を感じ、どう生きてきたのかを古生物たちの視点で語り、あたかもその場に私たちがいるかのような気持ちにさせてくれました。

絵を担当するのは、『ディノペディア Dinopedia: 恐竜好きのためのイラスト大百科』(誠文堂新光社)が話題沸騰中のイラストレーター・ツク之助さん。〝一部の例外を除いて古生物の色はわかっていない〟ことをプラスに活かした、色彩豊かな古生物たちの世界は、まさに幻想の〝恐竜たちが見ていた世界〟。子どもたちに読み聞かせできてしまう絵本のような仕上がりになったのも、ツク之助さんの抜群の色彩センスがなせるわざでした。

協力として携わっていただいた田中源吾さんや河部壮一郎さんも、〝古生物たちのあったかもしれない物語〟を楽しみながら校閲なさっていたのが印象的です。ツク之助さんの絵が美しく表現できているのは、技術評論社の大倉さんの色校力の賜物。多々ある古生物関連の書籍のなかでも、唯一無二の1冊となっているのではないでしょうか。

制作中、小学生時代にはじめて『シートン動物記』を読んだときの記憶がたびたびよみがえりました。冒険の旅に出かけているような気持ちになれるあのワクワク感を、本書でもたっぷり味わうことができると思います。編集後記まで目を通していただき、本当にありがとうございました!(伊勢)

協　　力　田中源吾　河部壮一郎
イラスト　ツク之助
デザイン　西川雅樹
コラムイラスト　土屋 香
コラム写真・図　群馬県立自然史博物館、東北大学総合学術博物館、和歌山県立自然博物館
編　　集　伊勢新九朗(株式会社伊勢出版)

生物(せいぶつ)ミステリー
恐竜(きょうりゅう)たちが見(み)ていた世界(せかい)

発行日　2023年10月27日　初版　第1刷発行

著者　土屋(つちや) 健(けん)
発行者　片岡 巌
発行所　株式会社技術評論社
東京都新宿区市谷左内町21-13
電話　03-3513-6150　販売促進部
03-3267-2270　書籍編集部
印刷・製本　大日本印刷株式会社

『恐竜たちが見ていた世界』書籍ページ

定価はカバーに表示してあります。

造本には細心の注意を払っておりますが、万一、乱丁(ページの乱れ)や落丁(ページの抜け)がございましたら、小社販売促進部までお送りください。送料小社負担にてお取り替えいたします。

ISBN 978-4-297-13831-8 C3045
Printed in Japan